U0162623

观星指南

轻松成为观星达人

施惠 著

浙江人民出版社

图书在版编目（CIP）数据

观星指南：轻松成为观星达人 / 施惠著. -- 杭州：
浙江人民出版社，2020.7
ISBN 978-7-213-09731-7

Ⅰ．①观… Ⅱ．①施… Ⅲ．①天文观测—指南
Ⅳ．①P12-62

中国版本图书馆CIP数据核字（2020）第075558号

浙 江 省 版 权 局
著作权合同登记章
图字：11-2019-339 号

观星指南：轻松成为观星达人

施 惠 著

出版发行：浙江人民出版社（杭州市体育场路 347 号　邮编：310006）
　　　　　市场部电话：（0571）85061682　85176516
责任编辑：申屠增群　何英娇
特约编辑：孟庆博
营销编辑：陈雯怡　陈芊如
责任校对：姚建国
责任印务：聂绪东
封面设计：Amber Design 琥珀视觉
电脑制版：北京唐人佳悦文化传播有限公司
印　　刷：北京阳光印易科技有限公司
开　　本：710 毫米 ×1000 毫米　1/16　　印　　张：15.75
字　　数：190 千字　　　　　　　　　　插　　页：1
版　　次：2020 年 7 月第 1 版　　　　　印　　次：2020 年 7 月第 1 次印刷
书　　号：ISBN 978-7-213-09731-7
定　　价：68.00 元

如发现印装质量问题，影响阅读，请与市场部联系调换。

花儿对尽失群星的晨空哭诉道:"我失去了我的露珠!"

——泰戈尔

Contents

目　录

第一章　黄道附近的十二星座与行星

第二章　星座与四季

第三章　观星技巧

第四章　中国古代对星空的划分

第五章　星空摄影

推荐序 1

　　施教授的这本书即将出版，这是一件十分令我高兴的事情。在通读本书之后，我认为它的编写融合了中西方文化、贯通古今，内容深入浅出、趣味性强。虽然本书是一本有关天文、观星的读物，但其中蕴含了丰富的哲学思想，富有浓厚的文学色彩。

　　施教授是我师专时期的生物启蒙老师。毕业后，我回到母校新竹师范学院（今台湾新竹教育大学）任教，与施教授成了同事。多年来，施教授在科学教育领域始终保持着严谨的教学态度和一丝不苟的精神，十分令人佩服。她广泛地搜集资料、勤于阅读，始终致力于对科学知识的深度探索。施教授在退休之后仍然不断地充电，从对英文文献、古籍的研究，到学习各种天文、计算机软件。可以说，本书是施教授智慧的结晶。

　　树立正确的科学观是科学教育的基础。施教授在科学教育领域最大的贡献是对教学方法的创新。在掌握了全面、准确的知识后，施教授结合自己的创意，并经过大量的实践探索，编写了许多教材，创造了许多教学方法。不仅如此，施教授在教学过程中还非常愿意与学生分享教学经验，并在这个过程中不断地反省自己，改进自己的教学方法。施教授的这本书是她研究成果的总结，相信未来这本书会得到广大读者的青睐。

作为施教授的学生，我很遗憾在兼职行政工作后，一直忙于处理各项业务而未能继续跟随她学习。今有幸阅读这本书，我除了充满赞叹，也深信施教授的作品对于各领域工作者来说，都有可观与可用之处，故谨缀数言以推荐。

台湾新竹教育大学校长

陈惠邦

推荐序 2

　　施教授长期从事教师师资培训研究和实务工作，并致力于编写自然与生活科技类教科书。面对会让一般教师在教学过程中感到困难的综合理科，她灵活运用各种教学方法，积累大量便于学生学习的素材。如今，她将这方面的专长和经验延伸到了对本书的编写上。本书面向广大社会人士，在取材角度与内容方面保持了施教授的一贯风格：一方面与日常生活紧密相连；另一方面强调自然科学的本质特点，让读者能感受和欣赏到科学的真、善、美。本书涵盖了大量关于星空与星座的知识、故事及传说，试图引发读者对满天星斗的兴趣与遐想，非常值得仔细阅读。

台湾彰化师范大学讲座教授

郭重吉

　　天文知识综合性很强，要求学习者首先具备各学科的基础知识。科普类图书的价值不仅在于将科学知识进行加工，使其易于读者理解，更在于让科学的真、善、美相结合，使读者既能见其深，又能见其美，这样才能期盼所有读者都能感受到阅读的乐趣，得到获取新知的满足。科学研究的结论是非常严谨的。例如，地球到金星、火星的距离都有一个精确的范围。神话是充满象征意味的。在神话故事中，金星是美神，象征爱情；火星是战神，象征灾难。生活是丰富多彩的，古人观象授时和关于星座的美丽传说都广为流传。无论是科学信仰、宗教信仰还是神话信仰，都是生活的一部分，它们陪伴我们度过了许多难忘的时光。

　　人类自古就崇拜太阳、崇拜月亮，于是有了太阳神和月神。太阳和月亮都只有一个，但是星的数量是非常多的，如果要研究它们就需要创意和想象力了。我们的祖先在观测星空的同时，创造了许多神话故事，如某些神仙会在特定的时节巡视人间，目的是告诉人们各方神仙既在不同的方位保佑着大地，也在监视着每个人的一举一动，从而提醒人们不要做坏事。

　　本书致力于让读者懂得观象授时的方法，从而可以通过观测星空回答类似"当前是几更天"的问题。希望读完本书的读者在观测星空的时候，也能像我们的祖先一样编出一些动人的神话故事。这本书适合随身携带，当你抬头仰望星空或等待日出的时候，让它陪着你看星星吧！

　　当你阅读本书的时候，可以不按章节顺序阅读，若遇到难懂之处可以选择跳过，也可以只挑自己感兴趣的章节阅读。为了便于读者阅读与理解，本书附大量生动、形象的插图。由于本人才疏学浅，若内容有不周之处，还请广大读者不吝赐教。

　　本书得以出版，要特别感谢我身边参与天文专题学习的师生。感谢任致远老师在百忙之中多次帮我校对稿件；感谢欧震老师为本书提供专业图片；感谢经常陪我一起观星的伙伴们为本书提供的大量写作素材。

第一章

黄道附近的十二星座与行星

古人夜观天象时，将一些看起来邻近的星用线连接起来，划分出不同的星座，再将这些星座想象成是各种动物、人物或器物，并分别进行命名。为了方便后人分辨星座、观测星座，古人还编出了很多动人的神话故事。

每个人都关心自己是在哪个时刻来到这个世界的。古巴比伦人根据他们的观星经验，发现了位于黄道附近、可以与人们的生日相关联的十二星座。人们可以通过这十二星座来了解地球的公转、自转规律及岁差的概念，进而了解黄道的概念。另外，这十二星座附近还会出现许多闪亮的行星。

在地球上望向天空，太阳在黄道上"日行一度"，每天出现在不同的位置。占星学认为太阳与其附近的十二星座具有某种影响力，这种影响力可以影响地球上的人的运气。其中，好的影响称为"吉"，坏的影响称为"凶"，由此诞生了几乎家家必备的黄历。例如，元代的《连环记》第四折中有这样的描述："今日是黄道吉日，满朝众公卿都在银台门，敦请太师入朝授禅。"

那么所谓的"黄道"究竟是什么呢？

第一节
黄道附近的十二星座

古希腊哲学家柏拉图认为，观察星空的目的并非是为了"寻找晚餐"，而是为了静思某种"秩序"。几年前，我曾经和一位朋友跟随旅游团到黄山旅游。有一天用完晚餐后，大家站在布满花岗岩的黄山山顶仰望夜空，一边静思夜空中蕴含的规律，一边回想着柏拉图的名言。那个夜晚是整个行程中最难忘的夜晚。

在黄山山顶观星是一种享受，那种感觉有别于平时在城市观星。那晚，当大家看着满天灿烂星光，七嘴八舌地聊起天来，都想在外面多待一段时间。我在那晚向同行的人逐一介绍起了天上的星座："将这几颗星连起来，仿佛看到了手牵手的两个人，这就是双子座；将那几颗星连接起来，仿佛看到了两只长长的牛角、一张尖尖的牛脸和一只红色的牛眼，这就是金牛座。"在介绍过程中，突然有人问："双子座？金牛座？不都是与我们生日相关的十二星座中的吗？怎么会在天上？"听到这句话后，我沉默了片刻。看来占星学术语已广植人心，难道人们对天文学的认知已经模糊甚至消失了吗？日后观星文化究竟应向哪个方向推进呢？

黄道附近的十二星座与生日之间的联系

提起观星，许多人想到的就是看星星、听关于星座的神话故事或问别人是哪个星座的。这使人不禁要问，那我们研究黄道附近的十二星座的意义究竟何在？

古巴比伦人是游牧民族，他们生活在中亚的两河流域，逐水草而居，夜晚有轮流守夜的习惯，以防狼群的袭击。长夜漫漫，守夜的人百无聊赖，便将注意力放在了满天星斗上。大约 3000 年前，一位守夜人发现某个星座已经连续几个晚上没有出现了，这个现象也引起了大家的关注。后来人们整理了多年的观测记录，发现有十二星座会在一年之中依次消失一段时间。如果从春分日开始计算，消失的十二星座依次是白羊座、金牛座、双子座、巨蟹座、狮子座、处女座、天秤座、天蝎座、射手座、摩羯座、水瓶座、双鱼座，并且每个星座消失的日期是上一个月 20 日前后到下一个月 20 日前后，也就是说，星座消失的时间大约为 1 个月。之后，古巴比伦人便认为每个人在出生的时候，消失的那个星座会主宰其一生的性格与命运，因此将上述十二星座与人们的生日建立起了联系，如表 1.1 所示。

表 1.1　黄道附近的十二星座与生日之间的联系

星座	出生日期	星座	出生日期
白羊座	3 月 21 日—4 月 20 日	天秤座	9 月 24 日—10 月 23 日
金牛座	4 月 21 日—5 月 20 日	天蝎座	10 月 24 日—11 月 22 日
双子座	5 月 22 日—6 月 21 日	射手座	11 月 23 日—12 月 22 日
巨蟹座	6 月 22 日—7 月 23 日	摩羯座	12 月 23 日—1 月 20 日
狮子座	7 月 24 日—8 月 23 日	水瓶座	1 月 21 日—2 月 19 日
处女座	8 月 24 日—9 月 23 日	双鱼座	2 月 20 日—3 月 20 日

地球公转导致黄道附近的十二星座轮流消失

为什么黄道附近的十二星座会轮流消失，之后还会出现呢？有以下两个合理的解释：

    1. 位于视太阳后方的星座会与太阳同时升起、同时落下，所以无论白天还是黑夜我们都看不到它。

    2. 位于视太阳后方的星座每个月都会改变。

上述推论可以从多个角度进行验证。我们不妨通过角色扮演的游戏来验证。这个游戏中的角色有太阳、地球上的观测者与黄道附近的十二星座。那么要如何进行这个游戏呢？首先要确定这十二星座在空中的位置，并将它们正确地排列出来，这时就要用到天球仪或星座盘了。

我们能够看出众星在空中的方位、每颗星和我们眼睛之间的连线与地平面所呈的角度，但是看不出它们与我们距离多远。众星与我们的距离有远有近，但是它们看起来好像嵌在同一个球面上。所以可以将天空想象成一个罩在我们头顶的大圆盘，当我们观星的时候便置身于一个圆球内部，如图 1.1 所示。

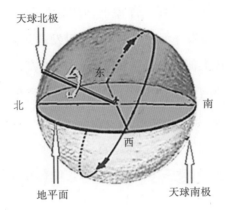

图 1.1　我们观星的时候仿佛置身于一个圆球内部

　　实际上，古人具有大量观星经验，早已知道斗转星移的规律了，分辨星座的时候也是十分精准的。后人以古人留下的宝贵资料为依据并加以整理，然后结合自己实际观测星空得到的信息，将各星所在位置做了精准的总结。

　　在北京天文馆古观象台的展厅中，有一个古铜色的大圆球，球面上镶嵌了许多用来代表星星的大小相同的铜钉，这些铜钉之间还有连线。这就是一个明代制作的天文仪器——浑象，如图 1.2 所示。

图 1.2　浑象

浑象是一个中式天球仪。浑象上面的红色圆圈代表地球赤道，黄色圆圈代表黄道。如果仔细观察图 1.2 可以发现，金牛座位于黄道最下方的位置，其形状类似一个倒放的大写字母"V"。在中国，组成这个"V"的众星被称为毕宿。在浑象的旁边，有一段取自明英宗《观天器铭》，其中有如下描述：

中仪三辰，黄赤二道，日月暨星，运行可考……外有浑象，反而观诸，上规下矩，度数千隔。

这段话的意思是：中间的三辰仪（浑象的主要部件），有黄、赤二道，日、月、星三种天体的运动轨迹都有据可考。此外，这个浑象是以天球外的视角来看日、月、星的，其上有规、其下有矩，可度量仰角和方位。

后来有人将浑象上的内容进行了平面化处理，制成了星座盘。当我们观星的时候，可以把星座盘当作一个辅助工具。

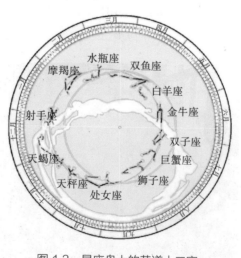

图 1.3　星座盘上的黄道十二宫

在星座盘上，黄道附近的十二星座根据月份顺序围成一圈，称为黄道十二宫，如图1.3所示。

看星座盘的感觉就像看天空一样。不过星座盘比较小，如果想深入研究黄道附近的十二星座，则需将它"放大"一些，置于头顶观看。我们可以将表示星座盘上黄道十二宫的牌子根据月份顺序，按顺时针方向依次挂在一把伞上，如图1.4（a）所示。但如果将伞举到水平视线上看时，就会发现这十二星座是沿逆时针方向排列的，如图1.4（b）所示。

（a）站在伞下看伞上的十二星座　　　（b）将伞举到水平视线上看伞下的十二星座

图1.4　从不同的角度看伞上的十二星座

进行角色扮演游戏

介绍完浑象和星座盘，接下来可以开始角色扮演游戏了。在游戏开始之前，首先要确定每个人扮演的角色。每个角色所在的位置都要与其在空中的相对位置一致。其中，黄道附近的十二星座需要按照月份，沿顺时针方向排列，如图1.5所示。

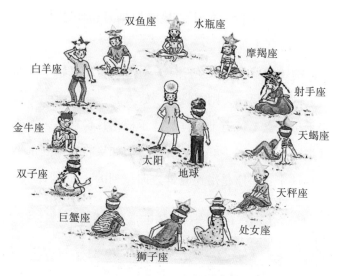

图 1.5　角色扮演游戏的位置安排

　　在图 1.5 中，扮演地球的人可以清楚地看到位于视太阳后方的星座是白羊座。由于地球一直围绕着太阳旋转，地球相对于太阳和各星座的位置会发生变动，所以下个月位于视太阳后方的星座就变成了金牛座。在游戏过程中，不是让扮演十二星座的人移动，而是让扮演地球的人按逆时针方向移动。通过这个游戏，可以直观地看出视太阳后方的星座是在不断变化的。

　　由于我们肉眼无法看出太阳、众星与地球相对位置的变化，便认为视太阳每个月都会移动到不同的星座前面，并将视太阳的移动轨迹称为黄道，如图 1.6 和图 1.7 所示。

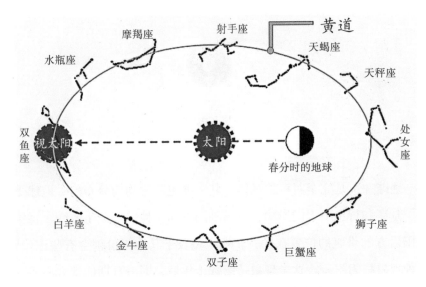

图 1.6　春分日在地球上看不到双鱼座

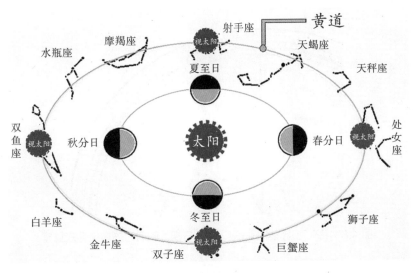

图 1.7　地球公转导致视太阳后方的星座不断地变化

岁差

地球并不是完全对称的球体，其密度也不是均匀分布的。地球受太阳、月亮和行星引力的影响，自转轴的方向会慢慢地发生改变。每年视太阳后方的星座的位置在同一日期，相较于其他年份都会有些许差异，这种现象称为岁差。这个现象持续数千年后，同一日期的视太阳后方的星座会变为当前日期的前一个星座。例如，如今每年3月21日—4月20日视太阳后方的星座已由白羊座变为双鱼座，如图1.8所示。

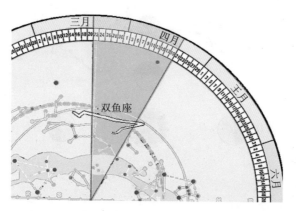

图1.8　每年3月21日—4月20日视太阳后方的星座为双鱼座

两千多年前的某个夏至日，太阳正好从巨蟹座（Cancer）的方向直射地球的北回归线，所以北回归线的英文名称为"Tropic of Cancer"。由于岁差的存在，如今夏至日当天，太阳已变为从双子座方向直射北回归线，不过北回归线的英文名称仍然没有改变。

我曾经因公与同事出差花莲。有位同事第一次看到北回归线标志上的英文名称时，惊讶地问："北回归线的英文名称怎么会包含'Cancer'这个词？Cancer不是癌症的意思吗？"其实，Cancer是个多义词，既有巨蟹座的意思，又有癌症的意思。

北回归线穿过我国台湾地区的花莲、澎湖、嘉义和南投四县，所以在花莲县设有北回归线的标志，这也让我们可以更好地了解岁差的概念，如图1.9和1.10所示。

图1.9　花莲县的北回归线标志

图1.10　北回归线穿过我国台湾地区

与此类似，南回归线的英文名称为"Tropic of Capricorn"。Capricornus 是摩羯座的英文名称，如今冬至日太阳是从射手座的方向直射南回归线的，但是南回归线的英文名称也没有发生改变。

由于地球围绕太阳公转时，地轴与黄道面之间呈 23.5 度的夹角，所以夏至日太阳直射北回归线，冬至日太阳直射南回归线，春分日和秋分日太阳直射赤道，并且一年之中太阳直射地球的位置不断地变化，进而产生了四季交替的现象。

划分四季依据的是视太阳在黄道上的四个重要节点，这四个节点分别是春分点、夏至点、秋分点和冬至点。夏至日视太阳在夏至点上直射地球，冬至日视太阳在冬至点上直射地球，如图 1.11 所示。由于我们肉眼看不出太阳、地球和星座之间相对位置的变化，所以会认为视太阳后方的星座在每年相同的日期从未发生改变。实际上经过了几千年的时间，由于岁差的存在，同一日期太阳背后的星座已经发生了变化，即：春分日视太阳后方的星座由白羊座变为双鱼座，夏至日视太阳后方的星座由巨蟹座变为双子座，秋分日视太阳后方的星座由天秤座变为处女座，冬至日视太阳后方的星座由摩羯座变为射手座。当前一年四季视太阳后方的星座如图 1.12 所示。

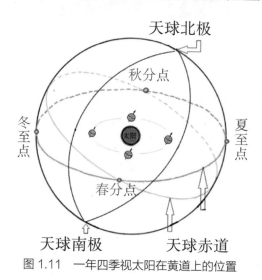

图 1.11　一年四季视太阳在黄道上的位置

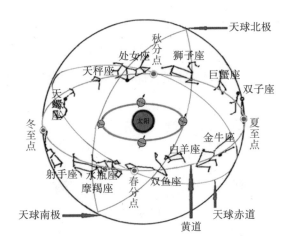

图 1.12　当前一年四季视太阳后方的星座

　　太阳与月球对地球的引力引发了地轴相对于空间的转动，这使得每隔 72 年，各星座的位置就会偏移 1 度。

地球自转让我们看到不同的星座

　　前文介绍的角色扮演游戏还可以用来探索众星的升落规律。在太阳系八大行星中，地球是距离太阳第三近的行星，所以它距离黄道附近的十二星座都很远。在进行角色扮演游戏之前，要先排好太阳、地球与这十二星座之间的相对位置。

　　如果让扮演地球的人将双臂平伸，代表地平线，那么他的前方就是可以看到的天空范围。面对太阳时是正午，背对太阳时是午夜，黄昏时太阳从西边落下，黎明时太阳从东边升起。例如，当前视太阳后方的星座是白羊座，天刚黑时，扮演地球的人将双臂平伸，扮演太阳的人在其右手后方（地平线以下），这时可以看到十二星座中的 6 个，自西向东依次为金牛座、双子座、巨蟹座、狮子座、处女座和天秤座，如图 1.13 所示。

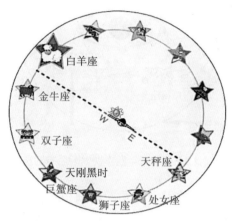

图 1.13　天刚黑时可以看到的六个星座

午夜时分，扮演地球的人背对扮演太阳的人，将双臂平伸，这时也可以看到十二星座中的 6 个，自西向东依次为巨蟹座、狮子座、处女座、天秤座、天蝎座和射手座，如图 1.14 所示。

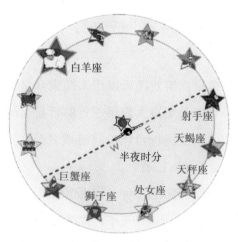

图 1.14　午夜时分可以看到的六个星座

天刚亮时，太阳从东方升起，这时扮演地球的人将双臂平伸，扮演太阳的人在其左手后方（地平线以下），这时可以看到十二星座中的6个，自西向东依次为天秤座、天蝎座、射手座、水瓶座、双鱼座和白头座，如图 1.15 所示。

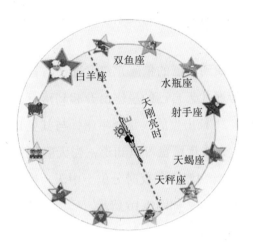

图 1.15　天刚亮时可以看到的六个星座

由于地球不停地自转，所以太阳、月亮、众星的东升西落看起来很像"天旋"。整个夜晚只有视太阳后方的星座无法看到，子午线（经线）附近的星空从当日天黑到次日黎明都可以看到。

在空中寻找自己的星座

最初将黄道附近的十二星座与人们的生日相关联时，每个人的星座是其生日当天在空中看不到的那个星座。

几千年后，如同"天增岁月人增寿"一样，由于岁差的存在，每个人在生日当天是有机会在空中看到自己的星座的，因为它比太阳落入地平线以下的时间稍晚片刻。这个时间差让大家可以在生日当天看到自己的星座。除了要掌握好观测时间外，还要知道自己星座中的视星等较亮的星的所在位置，否则还来不及看清楚自己的星座，它就已经沉入地平线以下了。

如果想在空中找到自己的星座，建议选择与自己生日相距七个月左右的日子。因为那几天自己的星座由升起到落下，整晚都会在空中出现。例如，4月21日出生的人是金牛座，与其生日相距七个月的日子是11月21日。查看星座盘可以知道，当天晚上8时金牛座会在东方出现，仰角为15°—45°，午夜时分位于中天，次日清晨5时在西方落下，仰角为15°—45°，如图1.16所示。

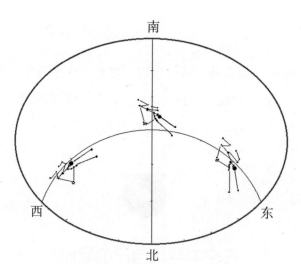

图 1.16　11月21日晚金牛座在空中的移动轨迹

为什么在与自己生日相距7个月左右的日子就能在空中找到自己星座呢？这时因为生日当天自己的星座位于视太阳后方，但是6个月后，地球公转到了太阳的另一侧，自己的星座就完全不受太阳光的遮挡了。而星座与人的关系是在 3000 多年前确定的，由于岁差的存在，要在空中找到自己的星座，就要将时间向后延长至 7 个月左右了。

小结

几千年前，古巴比伦人将位于黄道附近的十二星座与人们的生日建立了联系。他们认为，每个人都有属于自己的星座，并且生日当天在空中看不到自己的星座，因为那天自己的星座会与视太阳同升同落。由于肉眼看不出众星与太阳到地球的距离，加上地球的公转，人们便认为视太阳每个月会轮流经过这十二星座，并且将视太阳的移动轨迹称为黄道。其实黄道本身与人的凶吉祸福并不相关。

通过角色扮演游戏，我们可以清楚地看出东升西落现象与"天旋"和"地转"的关系，并了解到地球的自转与公转引起了斗转星移。人们通过长期的观测得知，地球在围绕太阳公转的同时也在缓慢地"退行"，由此产生了所谓的岁差。

第二节
行星

在太阳系八大行星中，除了金星，其他行星都是按自西向东的方向围绕太阳公转的。人们经常提起的是"金""木""水""火""土"这些行星，它们在空中看起来相对较亮。但是星座盘上并没有标示这些行星的位置，这是因为它们都位于黄道附近。

本节我们以金星为例，讨论行星的特征；以海王星为例，讨论行星的公转周期；以"荧惑守心"为例，讨论行星的顺行、逆行等现象，以及一些关于行星的神话故事。

八大行星必位于黄道附近

2012 年 3 月 24 日晚上，我与同事在空中看到了 3 颗很亮的星。相比之下，西边的那颗更为明亮，这个现象吸引了众人的目光。但后来我们查看星座盘时，并没有找到这 3 颗星的相关信息。当晚我曾经停下脚步，仔细观测星空，发现猎户座、天狼星与老人星都在空中，但是它们与那 3 颗星相比，都要黯淡许多，于是我断定这 3 颗星是行星。虽然行星本身不会发光，但是可以反射太阳光。因为太阳系中的行星距离地球要比太阳系外的恒星距离地球近得多，所以看起来十分明亮。

太阳系中的八大行星按照由内向外的顺序，依次为水星、金星、地球、火星、木星、土星、天王星和海王星，而黄道附近的十二星座则位于八大行星的外侧。从地球上看，视太阳、八大行星与十二星座都位于黄道附近，如图 1.17 所示。

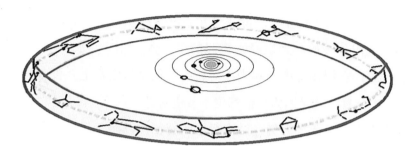

图 1.17　太阳、八大行星与十二星座的相对位置

如果八大行星与这十二星座都在黄道附近出现，就可以在行星附近找到这十二星座中的部分星座。果然，我在当晚找到了金牛座、双子座与狮子座，它们按照对应的月份顺序，按逆时针方向排列。

后来，我通过上网查找资料得知，那时在黄道附近出现的行星分别为木星、金星和火星，而最亮的那颗星就是金星。于是我将那晚看到的情况画在了日记本上，并且补充了当时没看清楚的巨蟹座与处女座，同时用不同大小的实心圆点来表示各星的明亮程度，如图 1.18 所示。

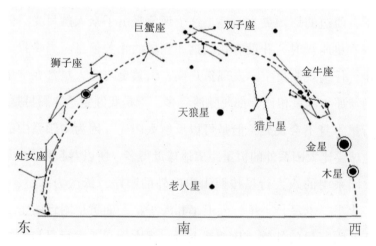

图 1.18　2012 年 3 月 24 日晚上黄道附近出现的行星及星座

从那晚起，我经常用这种方式来记录自己的观星经历。

太阳系最亮的行星——金星

2012 年，从 1 月初到 5 月初，在"日落万山巅"之后，西方天空会出现金星。相比之下，同在空中的木星稍显黯淡。而且从 3 月份开始，金星越来越亮，每天傍晚都将天空点缀得十分美丽。金星最亮的时间大约在 4 月底到 5 月初，之后逐渐黯淡，直到完全看不到。但是在一个月后的 6 月 6 日，出现了罕见的金星凌日现象。之后如果再想看到金星，就要在黎明之前的东方天空中寻找了。

我的几位朋友在这段时间内夜夜观星，并且提出了许多问题："为什么金星看起来非常明亮？""为什么金星不是一直在黄昏时分出现？""为什么金星的亮度会发生变化？"……对于这一系列问题，我做了一个总结。

问题 1：金星的体积（赤道半径为 6051 千米）要比木星的体积（赤道半径为 71900 千米）小得多，为什么看起来更加明亮？

答：（1）在太阳系八大行星中，金星位于地球公转轨道内部，而木星位于地球公转轨道外部，地球到太阳的平均距离为149597871 千米，记为 1AU（天文学中的距离单位），金星到太阳的平均距离为 0.72AU，木星到太阳的平均距离为 5.20AU；（2）金星与木星都能反射太阳光，但是由于二者体积相差很大，所以二者绝

对星等相差很小（金星绝对星等为 −27.51，木星绝对星等为 −26.17），
而离太阳越远的行星，接收与反射的太阳光越少，如图 1.19
所示。

以 2012 年 3 月 24 日观测到的情况为例，那晚金星的视星等
为 −4.29，木星的视星等为 −1.66。由于金星距离地球比木星距离地
球近得多，所以金星看起来更加明亮。

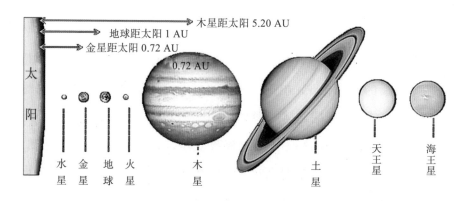

图 1.19　太阳系中八大行星的相对位置

问题 2：为什么只能在黎明或黄昏时分看得到金星？

答：这个问题可以通过角色扮演游戏来寻找答案。太阳位于正
中央，地球围绕太阳公转的同时也在不停地自转，如图 1.20 所示。
那么其他行星要在哪个位置才会被地球上的人看到呢？

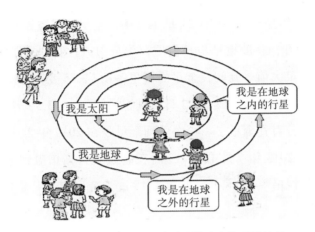

图 1.20　通过角色扮演游戏讨论地球上的观星情况

金星位于地球公转轨道的内部，如图 1.21 所示，图中的蓝色虚线表示地球上的观测者看到的地平线。当金星位于太阳与地球的中间或太阳后方时，从地球上看，它几乎与太阳同升同落，因此无论白天还是黑夜都看不到它。

黄昏时分太阳光强度比较弱，有机会在西方低空看到金星；黎明时分太阳光强度比较强，有机会在东方低空看到金星。在我国古代，人们称金星为太白金星，虽然当时有人对金星进行过深入观测，但未得出准确结论，还曾将在不同时间段出现的金星误认为是两颗不同的星：将在黎明时分出现的"金星"称为启明星，将在黄昏时分出现的"金星"称为长庚星。

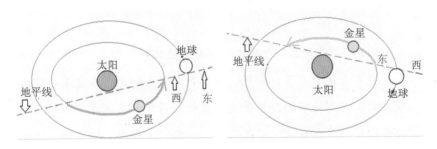

图 1.21　金星与地球围绕太阳公转的轨道

从 2013 年夏至日（6 月 21 日）开始，金星每天黄昏时分都会出现在太阳的上方，亮度更是与日俱增，十分引人注目，并于 11 月 23 日到达亮度的最大值。其间，金星的视星等由 –3.65 变为 –4.46，之后逐渐变小，到了冬至日（12 月 22 日）其视星等降为 –3.5，从那以后就无法在黄昏时分看到金星了。再次看到金星是在 2014 年 2 月初的黎明时分。我曾于 2013 年 7 月 11 日 19 时在高铁新竹站拍摄到金星与月亮，当时月亮的视星等为 –8.06，仰角为 18 度，金星的视星等为 –3.71，仰角为 17 度。

图 1.22　2013 年 7 月 11 日 19 时在高铁新竹站拍摄到的金星与月亮

问题 3：为什么金星的亮度会发生变化？

答：金星本身不会发光，但是会反射太阳光。当金星围绕太阳旋转时，其到地球的距离会发生变化。另外，在地球上看到的金星还会出现与月亮类似的相位变化，如图 1.23 和图 1.24 所示。上述两个原因让人们感觉到金星的亮度一直在变化。

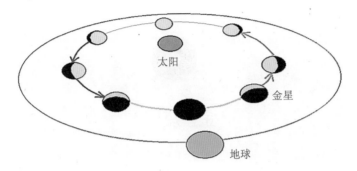

图 1.23　在地球上能看到金星的时间

图 1.24　2012 年 1 月—5 月中旬的金星相位

　　当金星与地球的距离逐渐变小时，从地球上看金星会觉得它越来越大。黄昏时分利用双筒望远镜或天文望远镜观测天空，将有机会看到金星从"凸月"形到"上弦月"形、再到"眉月"形的相位变化过程，而黎明时分则有机会看到与上述过程相反的金星相位变化过程。金星的相位变化是由太阳、地球、金星三者的相对位置决定的。

　　地心说的拥护者曾反对哥白尼的日心说，并表示：如果水星、金星在地球公转轨道内部围绕太阳公转，那么它们就应该像月亮一样有相位变化。当时哥白尼很有信心地回答："如果以后有更先进的仪器被发明出来，大家就能看到金星的相位变化了。"

　　四百多年前，伽利略·伽利雷（Galileo Galilei）用自己发明的望远镜看到了不同相位的金星。今天，人们可以用双筒望远镜或天文软件看到金星的各种相位。科学探索的道路上经常会出现这样的情况：先有假说，后被验证。

金星凌日

金星凌日是非常罕见的天文现象。2012年6月6日出现了本世纪最后一次金星凌日现象，之前各媒体争相预告这一现象，其中一篇报道如下：

> 我国大部分地区可以看到金星凌日的全过程。大约在早晨6时11分49秒，金星开始从太阳的东北方向进入日面，之后划过整个日面。大约在中午12时48分15秒，金星会从太阳的西北方向离开日面。整个金星凌日过程大约持续6小时36分钟。

> 需要注意的是，绝对不能在没有任何保护措施的情况下用肉眼直视太阳，否则可能会造成视觉的永久性损伤（观测及拍摄金星凌日时，须添加适当的滤光装置）。

这篇报导十分吸引我这类对观星情有独钟的人。原本应该将观测金星凌日这样的天文奇观安排在自己的行程中，但我早先已有行程安排，便让阿远（我的儿子）拍了照片。

2008年，我随高雄天文学会到新疆观看日全食，回来之后曾经向家人讲述如何用双筒望远镜投影的方法来观看日全食，但当时没有给他们演示过程，也没有提供照片。

那天艳阳高照。我在行程中发现有人居然架设起了天文望远镜，通过望远镜可以清楚地看到在圆圆的、橙色的日面上有个小黑点，而这个小黑点正是金星。

在回家途中，我看到了阿远用双筒望远镜投影的方法拍摄的金星凌日照片。照片中的金星只是一个小黑点，正准备划过日面，如图1.25所示。我十分喜欢阿远拍摄的照片，因为连空中的云朵也入镜了。

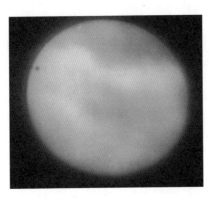

图1.25　用双筒望远镜投影方法拍摄的金星凌日照片

用双筒望远镜投影的方法观看金星凌日既方便又安全，如图1.26（a）、图1.26（b）和图1.26（c）所示。

  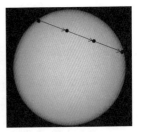

（a）观测装置　　　（b）金星凌日刚开始的情景　　　（c）金星凌日全过程

图1.26　用双筒望远镜投影的方法观看金星凌日

金星凌日每243年仅发生4次，且每次的间隔时间不同，分别为8年、105.5年、8年、121.5年。除2012年发生了金星凌日外，另外一次距离我们时间较近的金星凌日发生于 2004 年 6 月 8 日。根据规律，下次金星凌日将发生于 105.5 年后，也就是 2117 年 12 月 11 日。

金星公转轨道面与地球公转轨道面（黄道面）之间约呈 3.4 度的夹角。由于金星和地球的公转轨道相对稳定，因此二者公转轨道的交点也比较稳定，升交点一般出现在 12 月 9 日前后，降交点一般出现在 6 月 7 日前后。

金星凌日在中国古代的占星学中被认为是大凶的天象，通常意味着会发生战争、政变等。但是在西方星相学中，金星凌日被视为化解人间战乱、带来温暖和大爱的标志。

海王星的发现与行星公转周期

2011 年的某天，我接到了一位同事的电话，对话如下。

同事："现在我的学生要画一本关于"发现海王星"的绘本，可以直接让他在科学家绘制的星空图中随便画几个星座吗？"

我："当然不可以！必须依照当时的观测记录精确绘制。"

同事："海王星的发现时间是 1846 年 9 月 23 日，您那儿有相关资料吗？"

我："我可以查查。"

我查阅相关资料后得知，1846 年 9 月 23 日，德国天文学家约翰·格弗里恩·伽勒（JohannGottfriedGalle）在柏林天文台上，通过天文望远镜第一次观测到了海王星。当时海王星位于摩羯座与水瓶座之间，并且当天晚上土星也在附近出现了。海王星的视星等为 7.85，肉眼无法看到，而土星的视星等为 1.15，肉眼可以看到。

我将相关资料交给这位同事后，当天晚上与家人聊了此事，第二天阿远说："昨晚我们聊到了海王星，我挺好奇的，就用 Stellarium（一种天文软件）查了一下，找到了海王星。没想到过了一百多年，它还位于水瓶座附近，但是这次没有在附近找到土星。"

我对这一巧合感到十分惊奇，通过查阅资料得知，各行星围绕太阳公转的周期不同，海王星围绕太阳公转的周期是 165 年，而从 1846年到 2011 年恰好是 165 年，也就是说海王星完成了一次公转，如图1.27（a）和图 1.27（b）所示。

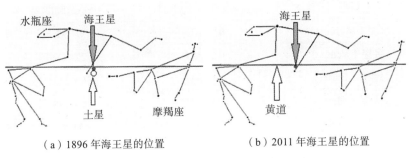

（a）1896 年海王星的位置   （b）2011 年海王星的位置

图 1.27 海王星的位置

海王星的发现

海王星是太阳系唯一一颗通过天文计算发现的行星。在天王星被发现后不久，有人注意到，天王星在运动时总是偏离通过天体力学计算得出的轨道，于是推测在它的外侧可能还有一颗行星，并且受到那颗行星的引力影响，因此偏离了轨道。1845 年，英国剑桥大学数学系的学生亚当斯（Adams）首先计算出了海王星的质量和公转轨道，并将这一结果寄给了英国皇家天文台台长艾里（Airy），但亚当斯的研究成果并未受到重视。1846 年 9 月 18 日，在法国巴黎天文台工作的勒威耶（LeVerrier）教授也进行了类似的研究，并将结果寄给了德国天文学家伽勒。伽勒在收到结果的当天（9 月 23 日）晚上，通过天文望远镜发现了海王星。

太阳系各行星到太阳的平均距离与公转周期

太阳系各行星到太阳的平均距离与公转周期如表 1.2 所示。

表 1.2 太阳系各行星到太阳的平均距离与公转周期

行星	到太阳的平均距离	公转周期[①]
水星（Mercury）	0.39AU	87.97 日
金星（Venus）	0.72AU	224.70 日
地球（Earth）	1.00AU	365.2425 日
火星（Mars）	1.52AU	686.98 日
木星（Jupiter）	5.20AU	11.86 年
土星（Saturn）	9.54AU	29.46 年
天王星（Uranus）	19.20AU	84 年
海王星（Neptune）	30.10AU	165 年

---

① 表中的时间单位"日"和"年"均以为地球上的时间为基准。

荧惑守心

　　火星，因其色红如火而得名，是太阳系中受到人们关注最多的行星。中国古人称火星为"荧惑"，因为它的亮度变幻无常，令人感到迷惑。西方天文学家曾将火星视为希腊神话中战神 Mars 的化身。古人经过长期对夜空的观测发现，每过若干年，空中就有两颗红色且明亮的星呈现相互靠近的趋势，这两颗星之一就是荧惑，也就是火星，而另一颗则是"大火"（心宿二）。古人将这一现象视为大凶之兆，因此曾经对其进行细致的记录、解释，并据此做出预言，还赋予了这一现象一个专有名称，即"荧惑守心"。

　　最近一次荧惑守心发生于 2016 年 8 月 26 日，当晚火星与心宿二非常靠近，可于 21 时左右在空中看到这一现象，如图 1.28 所示。

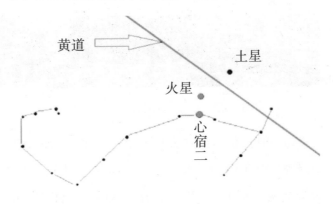

图 1.28　2016 年 8 月 26 日发生荧惑守心时，火星与心宿二的位置

根据相关文献记载，古代天文官曾多次做出伪造数据、散布谣言等行为。科学的本质在于追求真理，动念之间必须遵守伦理道德。

科技始终在不断地进步，人类自从登月成功之后，便将宇宙探索的重点转移到了地球的邻居——火星上。人们对火星的研究越多、认识越深，对这颗星球的种种幻想也越多。如今，人们期待火星成为人类的另一个美好家园。2012年天文学领域最大的新闻莫过于美国国家航空航天局（NASA）发射的好奇号探测器在火星表面成功着陆，并对火星进行了各项研究，还传回了许多珍贵的资料，为人类揭开了火星神秘的面纱，让人类以新视野和新思维重新认识了这颗星球。

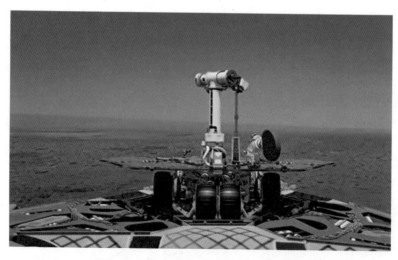

图 1.29　好奇号探测器在火星成功着陆

假设有朝一日人们可以在火星上生存，那么当仰望天空时会看到怎样的情景呢？会不会同时看到两个"月亮"（火星有两颗卫星）？而目睹新天文奇观"地球凌日"也是有可能的，或许还会有观星者在火星上做观星记录，并对星座产生全新的认识。

如果在火星上参考星座盘来寻找、观测空中的星座，可能会感到失望。虽然在地球上和在火星上看到的是同一个太阳，并且视太阳也会在黄道上移动，但是在地球上看到的天空和在火星上看到的天空有很大的不同。我们可以想象一下，天蝎座还会形如一只大蝎子吗？猎户座还会与金牛上演"斗牛"的景象吗？牛郎星与织女星还会在银河两端等待"七夕相会"吗？北斗七星还会形如汤匙，为我们充当指针吗？

　　话说回来，为什么会出现荧惑守心现象？为什么这一现象会出现多次？这是由于在太阳系八大行星中，地球围绕太阳旋转一周的时间相比位于其公转轨道外部的行星（如火星）来说要短，因此在角速度上显得比这些行星要"快"。如果在地球上看这些行星，会发现空中原本向东移动的行星会"停"下来，甚至改为向西移动，这说明地球在公转轨道平面内"超越"了该行星，但在地球上看这颗行星仍是向东移动的。地球与火星的相对运动轨迹如图 1.30 和图 1.31 所示。类似现象在生活中十分常见。例如，在乘坐汽车时，如果旁边同向行驶的汽车的速度慢于我们乘坐的汽车，那么在视觉上会感觉那辆车在"倒退"。

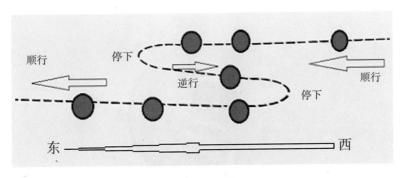

图 1.30　在地球上看到的火星移动轨迹

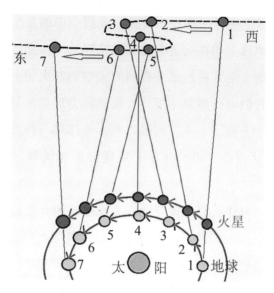

图 1.31　地球与火星在公转轨道上的相对位置及对应的观测结果

从图 1.30 和图 1.31 可以看出，在地球上看到的火星移动轨迹存在"逆行"的情况，并且当火星位于图中的 2—6 处时，始终在一个范围内移动。另外，图中地球和火星都是沿自西向东的方向围绕太阳公转的，那么天文学上的方向是如何判断的呢？这一问题可以借助地球仪来研究。如果令站在地球仪前的人将双臂平伸，那么其右手指向的方向即为西方，而其左手指向的方向则为东方，如图 1.32 所示。

图 1.32　通过地球仪判断天文学上的方向

关于行星的神话故事

中国古人看行星

1.五行占星

在中国古人的认知中，"五行"是一个神秘的领域，并且与命理有着很大的关系。因此将除地球外，离太阳最近的五颗行星分别命名为水、金、火、木、土。西汉时期的占星学认为：跟从木星，以义取天下；跟从火星，以礼取天下；跟从土星，以德取天下；跟从金星，以武取天下；跟从水星，以法取天下。《史记·天官书》有如下记载：

> 日东方木，主春，日甲乙。义失者，罚出岁星。
>
> 日南方火，主夏，日丙丁。礼失，罚出荧惑，荧惑失行是也。
>
> 日中央土，主季夏，日戊己，黄帝，主德，女主象也。岁填一宿，其所居国吉。
>
> 日西方秋，日庚辛，主杀。杀失者，罚出太白。
>
> 日北方水，太阴之精，主冬，日壬癸。刑失者，罚出辰星。

上述文字的解释如下：

木星属木，对应春季，在干支纪日法中与甲、乙对应。如做了不义之事，由岁星惩罚（古人发现木星绕太阳公转一圈需要12年，因此将周天分为12分，称为12次，木星每年经过1次，所以木星又称岁星）。

火星属火，对应夏季，如有违反礼制之事，由火星惩罚。

土星属土，代表中央的天帝，主宰夏末，象征帝后，主宰德行。古人发现土星绕太阳公转一圈需要28年，平均每年经过二十八星宿之一，如同轮流驻守二十八星宿，故又称镇星。

金星属金，对应秋季，如有征战失误者，由金星惩罚。

水星属水，对应冬季，如有刑罚失误者，由水星惩罚。

古代占星家将这五大行星视为天神，《淮南子·天文训》中有如下描述：

东方木也……其神为岁星；南方火也……其神为荧惑；中央土也……其神为镇星；西方金也……其神为太白；北方水也……其神为辰星。

2. 太岁

在地球上看到的岁星的移动轨迹与太阳是一样的，都是自东向西移动，但是日晷上晷针的影子在十二时辰之间的移动方向正好相反。晷针的影子在晷面是自西向东移动的，依次经过子、丑、寅、卯、辰、巳、午、未、申、酉、戌、亥，如图1.33所示。

图1.33　日晷上的十二时辰

后来，古人觉得岁星纪年法在实际生活中应用不便，就设想了一个假岁星，称为太岁，让它与岁星"背道相驰"，即它与十二时辰的顺序一致，并且也用来纪年。《汉书·天文志》中有"太岁在寅"的描述。

民间认为岁星是福神，而太岁是凶神，并且认为太岁每年所在的方位会影响动土、兴造、拆迁、婚嫁等。而且如果在太岁所在的方位动土，就会惊动太岁，因此有了"不要在太岁头上动土"之说。

3. 五星连珠

八大行星都近似在一个平面内围绕太阳公转，由于它们各自的公转周期不同，所以彼此之间的距离也是不断变化的。中国古代将金、木、水、火、土五颗行星出现在空中同一方向上的现象称为"五星连珠"。

用Stellarium软件查询可以发现，公元前204年5月27日傍晚，在西方地平线附近（鬼宿）可以看到"五星连珠"现象，当时附近的星座从上到下依次为狮子座、巨蟹座和双子座，如图1.34所示。

图 1.34 Stellarium 软件中记录的公元前 204 年 "五星连珠" 现象

西方人看行星

东、西方人赋予金、木、水、火、土这五颗行星的名称是不同的。在西方人眼中,这些行星都是天神的化身,所以用古希腊或古罗马神话中诸神的名字来分别命名,具体如下:

水星名为赫尔墨斯 (Mercury)。在古希腊神话中,赫尔墨斯是宙斯的信使,穿着带翅膀的魔法鞋,移动速度非常快,是众神的使者。

金星名为维纳斯（Venus）。在古罗马神话中，维纳斯是象征爱与美的美神。

火星名为玛尔斯（Mars）。在古罗马神话中，玛尔斯是残暴嗜杀的战神，他肝火旺盛、崇尚暴力。

木星名为朱庇特（Jupiter）。在古罗马神话中，朱庇特是众神之王，统领着神界和凡间。

土星名为萨图努斯（Saturn）。在古罗马神话中，萨图努斯是农神，也是朱庇特的父亲。

小结

如果我们在空中看到某颗星十分明亮，却没有在星座盘上找到，那么这颗星很可能是行星。当在空中看到行星时，可以试着寻找它附近的星座，因为它们都位于黄道附近。

读完第一章，你是否会对八大行星中最亮的金星格外关注？是否会观察它的相位？是否会使用 Stellarium 软件进行探索？金星大气层中 97% 以上是二氧化碳，还有大量的浓硫酸，二者形成的温室效应使得金星表面温度高达 447 摄氏度，并且其大气压是地球的 90 倍。相比之下，地球是如此的美丽。但是人类滥砍滥伐、破坏森林资源、大量燃烧化石燃料等，导致全球温度持续上升。我们应对此深刻反思并努力作出改变。

太阳用其强大的引力将八大行星控制在它的周围并持续公转，同时，太阳也带领着众行星围绕银河系的中心旋转。同时，地球又在自转，从而形成了昼夜交替和太阳、月亮、行星东升西落的现象。

人类自从登月成功后，便将探索宇宙的焦点放在了火星上。未来人类将继续对火星进行各种探索，以期更加了解这位地球的邻居。

第二章

星座与四季

地球围绕太阳公转一周的时间为一年。在地球上，每天、每月、每季空中星座的升落情况均不同。

　　于是，我们以季节为单位对星座进行划分。那么我们在各个季节分别可以看到哪些星座呢？四季星空各有什么特点？读者既可以在星座盘上查找，也可以自编一套口诀帮助自己观星。

第一节
星空分四季

四季星空的划分

因为一年四季的星空各不相同，所以在观星、认星之前要熟悉各季节星空的主要星座和较亮的星。虽然白天由于太阳光十分强烈，我们看不到空中的星，但是到了晚上就可以看到群星璀璨的星空，而且从当天傍晚到次日黎明都可以看到子午线附近的星座和较明亮的星。为了便于观星，我们将星座按照季节进行划分，如图2.1所示。

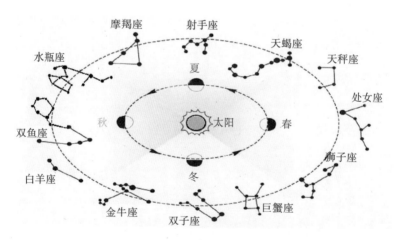

图 2.1　四季星空的划分

春季星空的主要星座有狮子座、处女座和天秤座；夏季星空的主要星座有天蝎座、射手座和摩羯座；秋季星空的主要星座有水瓶座、双鱼座和白羊座；冬季星空的主要星座有金牛座、双子座和巨蟹座。

1928年，国际天文学联合会将全天分为88个星座，因此除了黄道附近、与生日相关的十二星座外，还有许多星座。我们按照季节将星座盘分为四个区域，对应四季星空。在观测星座时，可以先寻找各季节星空的主要星座，再根据它们来寻找其他星座，如图2.2所示。当然，我们要熟悉各季节星空的主要星座，以及它们在空中的相对位置和升落轨迹。

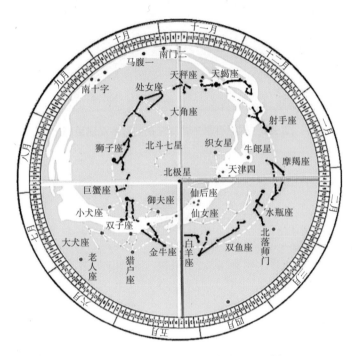

图 2.2　按照季节将星座盘分为四个区域

　　图2.3所示为星座盘上代表春季星空的区域。从图中可以看出，春季星空的主要星座有狮子座、处女座和天秤座。另外，位于北方的北极星、北斗七星和位于南方地平线附近的南十字座、南门二和马腹1等也在春季星空中。该区域外围标示的是每年八月下旬到十一月上旬，每天视太阳在黄道上的位置，所以春季星空的星座在秋季不容易看到，因为它们在秋季位于视太阳的后方，其他季节同理。

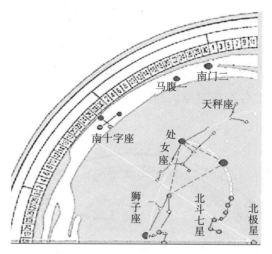

图2.3　根据春季主要星座找到其余观测目标

四季星空的最佳观测时间

　　四季星空是以四季代表日午夜0时为界线划分的。但午夜0时只是一个划分基准，并不表示这是观测星空的最佳时间，接下来我们根据星座盘来说明这一点。

　　1.春季星空。星座盘上3月22日（春季代表日）午夜0时的星空与4月22日22时、5月22日20时和6月22日18时的星空相同。
　　2.夏季星空。星座盘上6月22日（夏季代表日）午夜0时的星空与7月22日22时、8月22日20时和9月22日18时的星空相同。

3. 秋季星空。星座盘上9月22日（秋季代表日）午夜0时的星空与10月22日22时、11月22日20时和12月22日18时的星空相同。

4. 冬季星空。星座盘上12月22日（冬季代表日）午夜0时的星空与1月22日22时、2月22日20时和3月22日18时的星空相同。

为什么我们可以在不同的月、日看到相同的星空呢？首先观察图2.4所示的星座盘，可以看出，从3月到8月，相同的星空会在每月相同的日期依次延后2个小时出现，也就是平均每天提前4分钟出现。

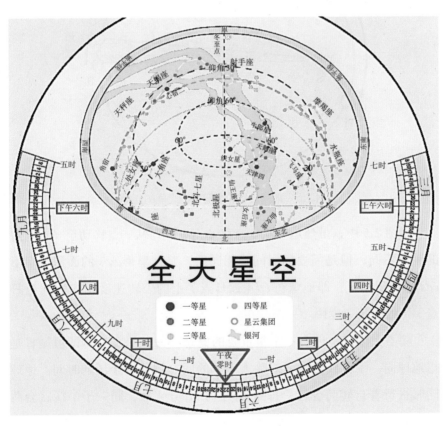

图2.4 6月22日午夜0时的星空

为什么平均每天会提前 4 分钟出现相同的星空呢？要回答这个问题，首先要明确"天"的概念。所谓天是指一个太阳日，一个太阳日是指太阳连续两次经过地球同一子午线所经历的时间。由于地球的公转轨道是椭圆形的，所以每个太阳日的长度均不相同，如图 2.5 和图 2.6 所示。

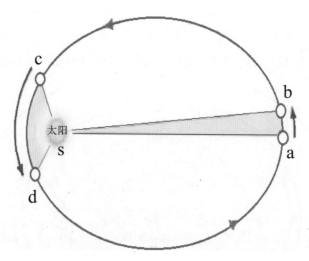

图 2.5　地球公转轨道与太阳之间的距离

在图 2.5 中，虽然地球从 a 点移动至 b 点与从 c 点移动至 d 点走过的距离不同，但是需要的时间是相同的，并且扇形 abs 的面积与扇形 cds 的面积相等，即地球在 $\overset{\frown}{cd}$（远日点）上的公转速度比在 $\overset{\frown}{ab}$（近日点）上的公转速度快。

除了太阳日，还有一个很重要的概念——恒星日。所谓恒星日是指地球同一子午线两次面对除太阳外的同一颗恒星经历的时间。地球同时进行着自转与公转，每隔 23 小时 56 分 4 秒，同一子午线就会两次面对除太阳外的同一颗恒星。换句话说，恒星日就是地球自转周期。恒星日与太阳日的关系如图 2.6 所示。

在图 2.6 中，地球处于 *a* 点时直面太阳与某恒星。当地球自转一周后，也就是经过了 23 小时 56 分 4 秒后，移动到了 *b* 点，这时地球仍然直面同一颗恒星，但没有直面太阳。这是由于地球位于太阳系内，它与其他恒星的距离要比它与太阳的距离远得多，所以地球必须再多自转一个弧度，即图 2.6 中的 $\overset{\frown}{bc}$，才能再次直面太阳，所以一个太阳日要比一个恒星日长 3 分 56 秒。

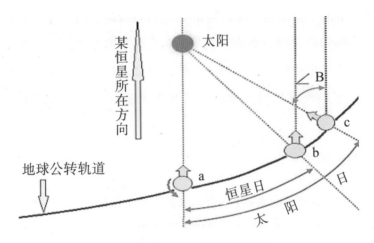

图 2.6　恒星日与太阳日的关系

四季星空口诀

背口诀向来是帮助人们学习和记忆知识的好方法。将四季星空的特点编成口诀可以帮助人们更好地观星，编写四季星空口诀时要考虑地域性，还要结合当地的实际情况。

我曾经让学生自编四季星空口诀，作为他们的作业。这样做的目的有两个：一是增加他们对天文学的兴趣，二是激发他们的创造力。当多年后师生聚会时，大家还对当年每个人编的口诀津津乐道。最让我感到欣慰的是，有人表示，因为在自编口诀之前，要对四季星空进行仔细观测与研究，所以在这个过程中养成了晚餐后一边散步一边观星的好习惯，同时亲近了大自然。

本节中的四季星空口诀针对的是北回归线附近的地区，如我国台湾地区。每句口诀的后面附有编号，对应各季节星空图，以便于对照观看。当然，星空口诀并不是唯一的，每个人都可以发挥想象力，自行编写。在户外观星时，通过口诀寻找星座与众星，可以增添不少乐趣。

1. 春季星空口诀

北斗高挂柄向东—1　　勺口双星指北极—2

勺柄弯成大曲线—3　　带出大角角宿一—4

南天狮子高空行—5　　狮尾稳坐五帝一—6

狮王回首问轩辕—7　　春季三角向西移—8

南天地平南十字—9　　南门二加马腹一—10

夏星尾随来到东—11　　冬星领路先到西—12

读者可以将每句口诀后面的编号与图 2.7 和图 2.8 所示的星座盘中的编号相对应，对比二者描述的星空。

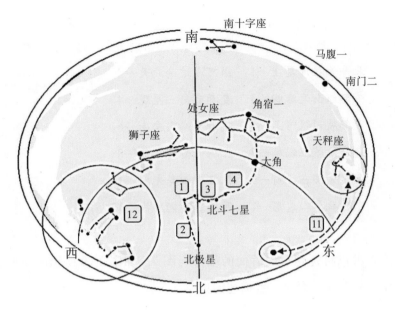

图 2.7　春季全天星空

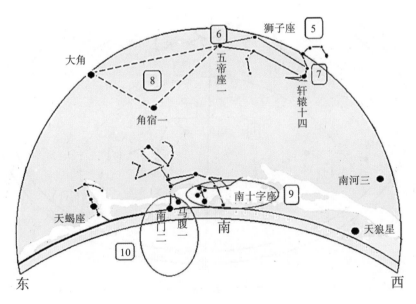

图 2.8　春季南天星空

2. 夏季星座口诀

北斗倒挂仲夏夜—1　　银河漫过南北天—2

牛郎织女天津四—3　　夏季直角三星现—4

天鹅展翅银河上—5　　望着天蝎飞向南—6

南斗紧随在蝎尾—7　　人马似壶似弓箭—8

冬至太阳在弓前—9　　银河中心亮光闪—10

东升秋季四边形—11　　西落春季抛物线—12

读者可以将每句口诀后面的编号与图 2.9 和图 2.10 所示的星座盘中的编号相对应,对比二者描述的星空。

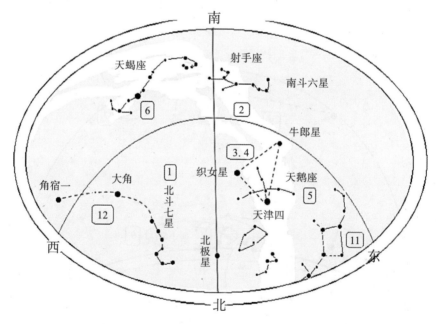

图 2.9　夏季全天星空

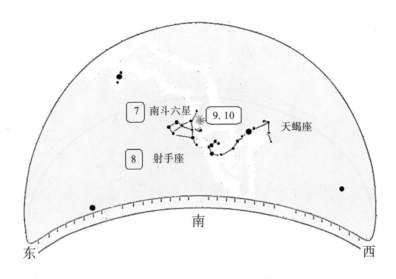

图 2.10　夏季南天星空

3. 秋季星座口诀

秋夜北斗没地平①—1　仙后遥指北极星—2

天顶四方似斗口—3　仙女英仙当斗柄—4

飞马肚子仙女头—5　西室东壁指极星②—6

白羊依偎仙女腰—7　跟随后王向西行—8

南天水域星光暗—9　独亮南鱼北落门—10

夏季三角向西落—11　冬季猎户东方升—12

---

① 北京的四季星空口诀第一句是："秋夜北斗靠地平"，该句口诀不适用于台湾地区。
因为北京市的纬度是北纬40度，秋夜北斗七星位于地平线以上，不会落入地平线以
下，并且北极星在仰角为40度的正北方向的星空。而北回归线穿越台湾地区，所以
台湾地区秋夜（秋分日午夜0时）北斗七星位于地平线以下。

② "秋季四边形"由室宿一、室宿二、壁宿一和壁宿二组成。在室宿一、室宿二的连线
与壁宿一、壁宿二连线的交叉点附近可以找到北极星。

读者可以将每句口诀后面的编号与图 2.11 所示的星座盘中的编号相对应，对比二者描述的星空。

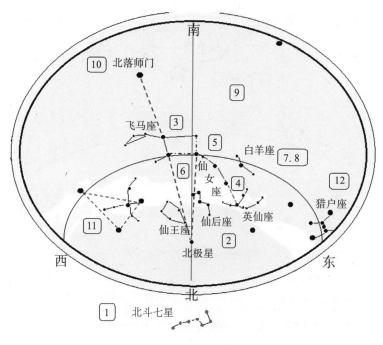

图 2.11　秋季全天星空

4. 冬季星座口诀

寒冬三星一直线——1　　大犬天狼最耀眼——2

一七五二三加三①——3　　群星竞技大椭圆——4

参七五二指北极——5　　猎户捕牛带双犬——6

---

① "一七五二三加三"这句口诀中的数字依次对应天狼星、参宿七、毕宿五、五车二、北河三、南河三。对于观星经验较丰富的人来说，会以猎户座腰部的 3 颗星为起点，寻找上述六星。

双子御夫跟着来—7　　金牛尖脸姐妹团 ①—8

南天猎户拉三角—9　　天狼老人都顶尖 ②—10

北斗狮子才东升—11　　仙后仙女己西偏—12

　　读者可以将每句口诀后方的编号与图 2.12、图 2.13 和图 2.14 所示
的星座盘中的编号相对应，对比二者描述的星空。

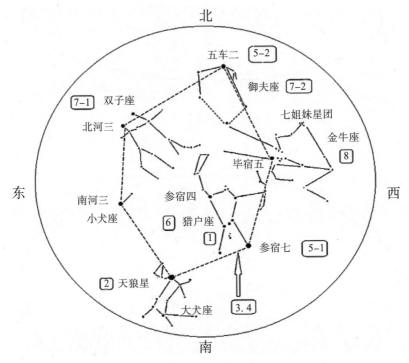

图 2.12　冬季午夜 0 时天顶附近的冬季六边形

---

① 　金牛座的七姐妹星团又称昴星团，因构成星团的几颗较亮的星位于昴宿而得名。由
　　于通常可在该星团中看到七颗较亮的星，故称七姐妹星团。

② 　"冬季大三角"由参宿四、南河三、天狼星组成，有时也用老人星代替天狼星，这样
　　组成的三角形高度更大。在众恒星中，天狼星和老人星是最亮的两颗，视星等分别
　　为 -1.45 和 -0.73。将这两颗星作为顶点，构成的三角形均为等腰三角形。

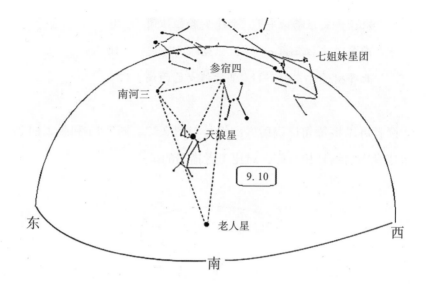

图2.13　冬季午夜0时南天星空的冬季大三角

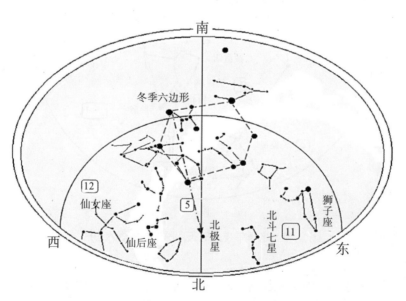

图2.14　冬季午夜0时子午线附近的冬季六边形和两侧星空

一夜看尽三季星空

　　某年春季，我到黄山旅游，在一个星光灿烂的夜晚与同行的伙伴一起观星，并且为大家介绍了冬季星空的主要星座，如猎户座、金牛座、御夫座、双子座、小犬座、大犬座等。在当晚午夜 0 时，大家看到了春季星空的主要星座与较亮的星，如狮子座、北斗七星、北极星和春季大三角等。第二天大家早早地就在山顶等候日出，在日出前的一小段时间内还看到了不少夏季星空主要的星，如牛郎星和织女星等。

　　日出之后，大家收拾好行囊，继续游览黄山，这时两位同行的伙伴向我跑来。

　　伙伴甲："施老师，眼下正值春季，为什么昨天一夜之间我们同时看到了冬季星空、春季星空和夏季星空的主要星座和较亮的星呢？今天正好是愚人节，您不会是在跟我们开玩笑吧？"

　　我："我是认真的啊！"

　　伙伴乙："既然一夜可以看到多个季节星空的主要星座和较亮的星，那您今晚带我们看一下秋季星空主要的星座和较亮的星，好吗？"

　　我："不行！今晚看不到秋季星空的主要星座和较亮的星。"

　　伙伴乙："为什么呢？"

　　四季星空的相对位置是固定的。如果要验证一夜之间可以看到三个季节的星空，可以借助第一章讲过的角色扮演游戏来自行观察结果。我们之前讲过，一夜之间只有视太阳后方的星座无法被看到，所以一夜之间可以看到三个季节的星空，分别是前一季（前半夜）、本季（午夜）和下一季（后半夜）。例如，春分日只有秋季星空无法被看到，如图 2.15 所示。

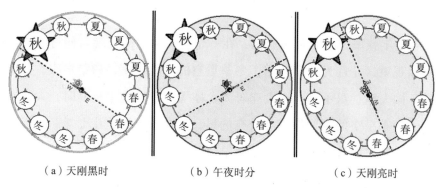

（a）天刚黑时　　　　　　　（b）午夜时分　　　　　　　（c）天刚亮时

图 2.15　春分日只有秋季星空无法被看到

小结

根据季节，将星空分为四个区域，从而有了四季星空。这一过程体现了科学思维中的分类思想。在编制四季星空口诀时，可以与他人沟通、互评、分享，从而增强彼此对星空的认识。

第二节
四季星空的主要星座及较亮的星

本节首先以北回归线附近的地区为例来介绍四季星空的主要星座和较亮的星；接着介绍著名的星的中文名称及由来，并通过神话故事加深读者的记忆；最后介绍如何使用电子设备及天文软件来观测著名的星云、星团和星系。

春季星空

春季北天星空

1. 北极星

北极星（Polaris）位于地轴北端的延长线上，所以它总是出现在北天星空的正北方向上。由于我们看到北极星时的仰角等于所在地的纬度，因此北极星常被用来辨别方向。中国古人认为北极星是天皇的居所，并且是众星的中心。《论语·为政篇》中有这样的描述："为政以德，譬如北辰，居其所而众星拱之。"

很多人都认为群星围绕着北极星东升西落，其实不然。由于地球始终围绕地轴自转，并且地轴的北端指向北极星，因此星空看起来是以相反的方向围绕地轴升落的。

在北回归线附近的地区，因为北极星位于正北方向上，且仰角为23.5 度，所以众星看起来是东升西落的，并且生落轨迹向南倾斜，如图 2.16 所示。

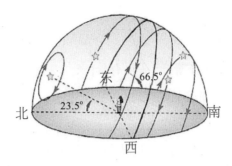

图 2.16　在北回归线附近的地区看北极星

当在空中寻找北极星时，首先应使用指北针确定正北方向的所在，然后用拳头估计仰角的角度（具体操作见第三章）。北极星距离地球约 400 光年，也就是说我们肉眼看到的北极星的光芒是它在 400 年前发出的。北极星的视星等为 1.95，属于二等星，因此很多初次看到它的人会说："原来北极星不是很亮。"

2. 北斗七星

在北回归线附近的地区，北斗七星在春分日出现在正北方向上，仰角接近 60 度，是一年之中仰角最高的时候。古时中原地区一年四季都可以看到北斗七星，古人就是根据它的位置来划分四季的，如图 2.17 所示。

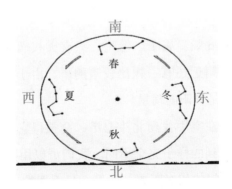

图 2.17　中原地区一年四季北斗七星所在位置

《鹖冠子》中曾经这样描述北斗七星：

斗柄东指，天下皆春；斗柄南指，天下皆夏；斗柄西指，天下皆秋；斗柄北指，天下皆冬。

在北回归线附近的地区，在秋分日的午夜看不到北斗七星，因为那时北斗七星已落入地平线以下，但是可以通过星座盘来查看。北斗七星的形状像是一只汤勺，其中4颗星组成勺口，另外3颗星组成勺柄。如果将北斗七星中的天枢和天璇之间的连线向北方延长5倍的距离，就会指向北极星。因此在春、夏两季，人们常用此方法来寻找北极星，如图2.18所示。

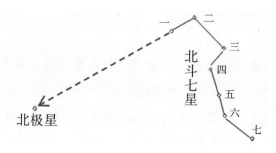

图2.18　利用北斗七星寻找北极星

北斗七星中有6颗星属于二等星，只有天权属于三等星，相对较暗。另外，在开阳附近还有一颗比较暗的星，由于它总是出现在开阳附近，因此被认为是开阳的辅星。

如果是第一次在空中找到北斗七星，会觉得它的面积十分大，与平时在星座盘上看到的样子完全不同。我们可以用图2.19所示的方法来比较这7颗星之间的相对距离。如果一只手握拳，将手臂向前伸直，指向北斗七星，那么勺口与拳头大致等宽。

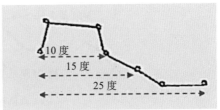

图 2.19　用手来测量 7 颗星之间的相对距离

　　肉眼最多只能看到六等星，六等以下的星必须用天文望远镜才能看到。在没有天文望远镜的情况下，Stellarium 软件是很好的替代品，可以用它来观测星团、星云、星系。在 Stellarium 软件中选择"星云"选项，按图索骥，找到观测目标后，可以先长按鼠标左键，将观测目标锁定在屏幕正中央，再使用鼠标滚轮将观测目标放大。

　　通过北斗七星可以找到 M101、M51、M81 和 M82 等星系，如图 2.20（a）所示。M101 星系位于摇光之北，是一个旋涡星系，视星等为 9.6；M51 星系位于摇光之南，也是一个旋涡星系，视星等为 8.1，旁边还有一个较暗的旋涡星系；M81 和 M82 星系位于天枢附近。其中，M81 是一个巨型旋涡星系，视星等为 7.8，距离地球 1000 万光年[1]；M82 是一个不规则星系，视星等为 9.3，距离地球 1000 万光年。众星系照片如图 2.20（b）所示。

---

　　[1]　星与星之间的距离一般以光年为单位，1 光年表示光在 1 年走过的距离，光速大约为 30 万公里 / 秒。

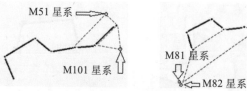

M51 星系

M101 星系

M81 星系

M82 星系

（a）众星系所在位置

M101 星系

M51 星系

M81 星系

M82 星系

（b）众星系照片

图 2.20　众星系所在位置及照片

春季南天星空

1. 狮子座

狮子座（Leo）位于巨蟹座之东、处女座之西，可以通过北斗七星找到它，如图 2.21 和图 2.22 所示。狮子座在中天时可以在南天高空找到，它头朝西、尾朝东。狮头、狮颈、狮胸等处众星的连线很像一把弯弯的镰刀或反写的问号。位于狮胸处的 α 星中文名称为轩辕十四（Regulus），是一颗白色的星，视星等为 1.35，距离地球 77.49 光年。位于狮尾处的 β 星中文名称为五帝座一，视星等为 2.1。

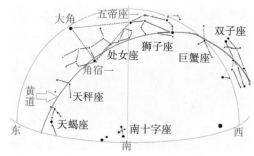

图 2.21　狮子座所在位置

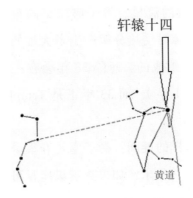

图 2.22 通过北斗七星寻找狮子座

　　"轩辕"是中国上古时代帝王黄帝的名字。古人对黄帝十分崇拜，因此将天上的星宿命名为轩辕。中国古星图中记载的轩辕星共有 17 颗，它们构成了形如黄龙的图案。五帝座由 5 颗星组成，象征天帝办理政事的五帝座（详见第四章第一节）。

　　在北回归线附近的地区，狮子座从东偏北方向升起，头朝上、尾朝下，仿佛有一纵扑天之势，最终在西偏北方向落下，头朝下、尾朝上，如图 2.23 所示。在南天星空中，位于狮尾处的五帝座一、牧夫座大角星和处女座角宿一共同组成了一个春季大三角，狮子座就拉着这个大三角东升西落。

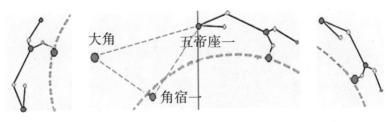

图 2.23 狮子座的升落过程

　　每年秋末都可以看到著名的狮子座流星雨。每年 11 月中旬（16 日—17 日）的清晨，狮子座 γ 星（位于狮颈处，视星等为 2.2）附近会有许多向四周射散的流星。狮子座流星雨很可能是由于 Temple-Tuttle 彗星绕太阳公转时受热分解产生了大量的碎屑，这些碎屑进入大气层后产生摩擦而形成的。每隔 33 年会有一次较大规模的狮子座流星雨（上次是 1991 年），而 33 年正是 Temple-Tuttle 彗星的公转周期。

读者可能会有这样的疑问：狮子座是春季星空的主要星座，为什么它的流星雨却出现在秋末？如果查看星座盘可以发现，狮子座会在每年 11 月中旬的清晨出现在东方天空上。

2. 处女座

处女座（Virgo）位于狮子座之东、天秤座之西。由于秋分日视太阳位于狮子座轩辕十四和处女座角宿一这两颗一等星之间，所以秋分日无法看到处女座。

处女座 α 星中文名称为角宿一（Spica），是一颗白色的星，视星等为 0.95，距离地球 262.18 光年，其位置如图 2.24 所示。西方人将角宿一视为收获的象征，它的出现代表播种的日子到了。在中国，角宿是东方青龙第一宿。

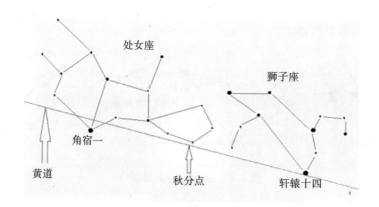

图 2.24　角宿一所在位置

我们通过天文望远镜或 Stellarium 软件可以看到，处女座与后发座之间有一个由 2500 多个星系组成的星系团。在处女座之南，有一个侧面面对地球的河外星系——M104 星系，视星等为 8.3，因其外形像墨西哥人戴的阔边草帽而被称为墨西哥帽星系（SombreroGalaxy），如图 2.25 所示。图 2.25 中的照片是为了纪念哈勃望远镜珍藏小组成立 5 周年而发表的。M104 星系是一个巨大的旋涡状星系，中央隆起，横截面呈盘子形，距离地球 2800 万光年。M104 星系中的星团数量大约是银河系星团数量的 10 倍，其质量相当于 8000 亿个太阳的质量。位于帽沿处的黑色环带是星际尘埃经过沉淀后组成的星云。科学家们推测，M104 星系中央较明亮的区域可能存在一个黑洞，其质量相当于 10 亿个太阳的质量。

（a）M104 星系所在位置　　　　　　（b）M104 星系照片

图 2.25　M104 星系所在位置及照片

3. 牧夫座

牧夫座（Boötes）位于猎犬座之东、处女座之北、北冕座之西，如图 2.26 所示。在神话故事中，牧夫座是一个牧人，带着自己的猎犬追赶大熊与小熊。

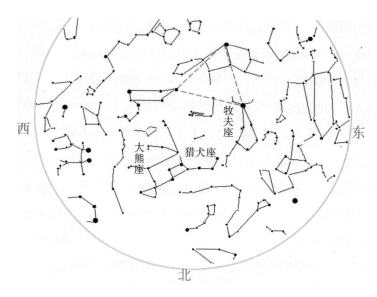

图 2.26　牧夫座所在位置

　　每年春分日午夜，牧夫座会在北天星空出现。牧夫座 α 星中文名称为大角（Arcturus），它是一颗橘红色的星，亮度很高，视星等为0.15，距离地球 36.7 光年，体积约为太阳的 27 倍。

　　北斗七星的勺柄类似一条抛物线，著名的春季抛物线，如果将这条抛物线继续延伸，可以指向大角和角宿一。5 月底春季大三角所在位置如图 2.27 所示。

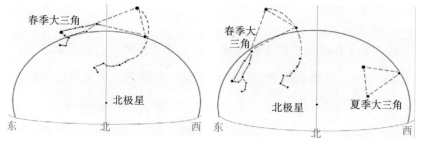

（a）5 月底 19 时 30 分春季大三角所在位置　　（b）5 月底 22 时 30 分春季大三角所在位置

图 2.27　5 月底春季大三角所在位置

我曾经与朋友在春末的一个晚上去九份老街散步。当时我们在一个露天茶馆喝茶聊天,通过北斗七星找到了北极星。那晚天空晴朗,我们仿佛置身于琼楼玉宇之中,足足观赏了 3 个小时的星空,非常舍不得离开。

4. 长蛇座

长蛇座(Hydra)位于黄道之南,其蛇头位于轩辕十四与南河三之间,呈菱形,蛇尾位于角宿一之南,如图 2.28(a)所示。长蛇座横跨 1/4 的南天星空,是全天 88 星座中面积最大的一个。位于蛇心处的 α 星视星等为 1.95,它与轩辕十四、南河三组成了一个等腰三角形。

长蛇座中众星都比较暗,不易观察。在西方人眼中,长蛇座像一条蛇,但是在中国古人眼中它却像只鸟(南方朱雀)。乌鸦座位于"蛇背"附近,可以通过大角和角宿一之间的连线找到,如图 2.28(b)所示。

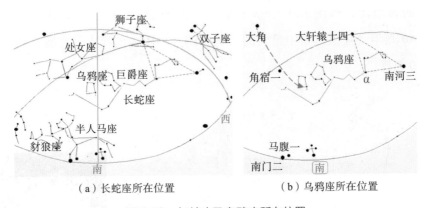

(a)长蛇座所在位置　　　　　　(b)乌鸦座所在位置

图 2.28　长蛇座及乌鸦座所在位置

5. 半人马座

半人马座(Centaurus)位于南船座(船底座、船尾座、船帆座和罗盘座的合称)之东、天蝎之西。只有北纬 24 度以南的地区才能看到完整的半人马座,我国大部分地区看不到半人马座。半人马座中有两颗较亮的星，分别为南门二和马腹一，二者均位于赤纬 –60 度附近。其中，南门二的视星等为 0.10，距离地球 4.39 光年；马腹一的视星等为 0.55，距离地球 525.21 光年。虽然这两颗星相距很远，但是从地球上看它们是排列在同一条直线上的，如图 2.29（a）所示。

中国古人将半人马座视为天上的一个库房，库房的南边是由两颗星组成的大门，这两颗星就是南门一与南门二，而马腹一这个名称则源于阿拉伯文。

在我国北回归线附近的地区，半人马座在 1 月—6 月中旬位于中天，时间依次为 6 时、4 时、2 时、0 时、22 时和 20 时（可查看星座盘），仰角为 0—30 度。

如果用双筒望远镜或 Stellarium 软件观测半人马座，可以发现其中的 ω 星团，如图 2.29（b）所示。ω 星团的视星等为 3.7，距离地球 1700 光年，是银河系中最大的球状星团，星团内的星十分密集，约有 100 万颗。

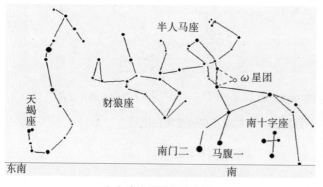

（a）半人马座所在位置　　　　　　（b）ω 星团照片

图 2.29　半人马座所在位置及 ω 星团照片

6. 南十字座

南十字座（Crux）位于半人马座之南，是全天88个星座中面积最小的一个，北回归线以南的地区都可以看到这个星座。南十字座中有两颗一等星，其α星位于最南端，赤纬−63.5度附近，是一颗双星，视星等分别为1.25和4.80，距离地球320.70光年。

我曾经在四月份与一位朋友到印度尼西亚的巴厘岛（南纬8度）旅游。有一天夜晚在海边的沙滩上仰望星空时，看到南十字座的仰角已上升至30度左右了，而它的东方就是马腹一和南门二，它们在夜空中十分耀眼。

我们都知道，在北半球可以通过北极星分辨方向，但是空中没有"南极星"，那么在南半球应该如何分辨方向呢？答案是通过南门二、马腹一和南十字座来分辨，如图2.30所示。

南十字座经常被作为北半球低纬度地区和南半球的人分辨方向的标志。澳大利亚的国旗上印有白色的南十字座，新西兰的国旗上印有红色的南十字座。

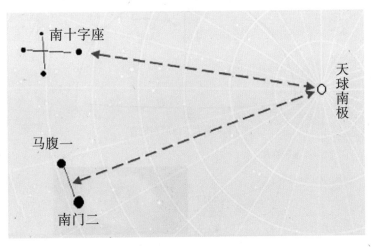

图2.30　南十字座在天球上的位置

夏季星空

夏季北天星空

1. 天琴座

　　晴朗的夏夜，在空中可以看到一个三角形，这就是由牛郎星、织女星及天津四组成的夏季大三角，如图 2.31（a）所示。其中，织女星（Vega）最为明亮，它是一颗白色的星，也是天琴座（Lyra）α星，视星等为 0.03，距离地球 25.30 光年。再过 12000 年，织女星将在天球北极的位置出现，到那时它距离地球会比现在近得多，看起来也会更加明亮。

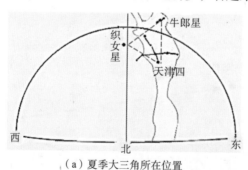

（a）夏季大三角所在位置

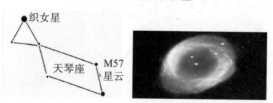

（b）M57 星云所在位置　　　　（c）M57 星云照片

图 2.31　夏季大三角、M57 星云所在位置及 M57 星云照片

天琴座拥有一个美丽的环状星云——M57星云，又称戒指星云，视星等为9.00，距离地球2300光年，可使用Stellarium软件查看。在太古时期，1颗星爆炸后向四周扩散了大量气体和尘埃，形成了M57星云。M57星云的中心是一颗恒星，颜色由内向外依次为蓝、绿、黄、红，温度由内向外逐渐递减。M57星云所在位置及照片如图2.31（b）与图2.31（c）所示。

2. 天鹰座

天鹰座（Aquila）与天琴座分别位于银河的两侧，并且天鹰座大部分位于银河之中。天鹰座α星的中文名称为河鼓二，又称牛郎星（Altair），是一颗白色的星，视星等为0.75，距离地球16.77光年。在河鼓二的两侧各有一颗小星，分别是河鼓一（视星等为3.70）与河鼓三（视星等为2.70），河鼓三又称扁担星。河鼓二与织女星位于同一条直线上，中间是银河。在中国古代神话故事中，河鼓一与河鼓三是牛郎和织女的一双儿女，位于扁担的两端。

夏季大三角内部还有两个较小的星座，分别是狐狸座与天箭座，如图2.32（a）所示。这两个星座中的众星都较暗，二者之间还有一个哑铃状的M27星云，视星等为7.60，可以用Stellarium软件查看，如图2.32（b）所示。

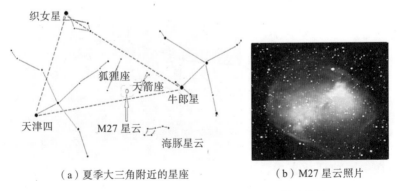

（a）夏季大三角附近的星座　　　（b）M27星云照片

图2.32　夏季大三角附近的星座及M27星云照片

在夏季大三角之南还有一个星座，即海豚座。海豚座面积不大，星座中众星视星等为3.8—4.4。

3. 天鹅座

天鹅座（Cygnus）位于银河之中，形似一只展翅的天鹅。天鹅头部和尾部连成的直线与平伸的双翼构成了一个"十"字。天鹅座位于北天，与南十字座相对应，天鹅座又称北十字座。

天鹅座 α 星的中文名称为天津四，位于天鹅尾部，是一颗白色的星，视星等为1.25，距离地球3229.27光年，是银河系中距离地球最遥远的恒星。位于天鹅嘴部的星是一个双星系统，一颗为橙色，另一颗为蓝色，分别为三等星和五等星。如图2.33所示，在天鹅的翅膀及尾部分布着9颗天津星，象征迎接各方神灵的桥梁，而"津"字本意为渡口。

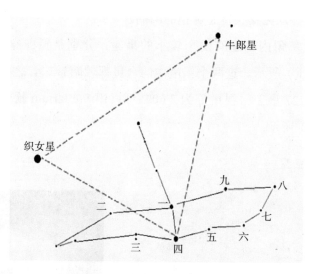

图2.33　天津星在天鹅座中的位置

在中国神话故事中，天鹅被视为灵鹊，还会在七夕夜帮牛郎和织女搭桥。其实，牛郎星与织女星相隔16光年，想在七夕夜"见面"是不可能的。

在夏季大三角中，以织女星与天津四之间的连线为底边，如果将此三角形沿底边翻转 180 度，则牛郎星与北极星会几乎重合，这也是一个寻找北极星的方法，如图 2.34 所示。

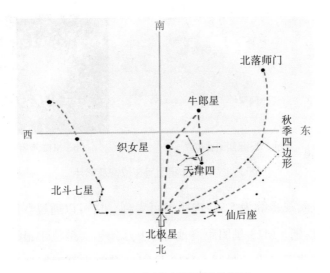

图 2.34　通过牛郎星寻找北极星

4. 武仙座

武仙座（Hercules）位于织女星和北冕座之间，星座中只有三、四、五等星。在希腊神话中，武仙座是一位武士。在中国古代天文学中，武仙座是天市垣的一部分，天市垣由北冕座、蛇夫座、巨蛇座和武仙座等星座组成。

武仙座中部有一个球状星团，即 M13 星团。如果在夏季大三角中的天津四与大角星之间画一条直线，则可以在这条直线的中央找到 M13 星团，如图 2.35 所示。M13 星团位于由多颗三、四等星组成的四边形上。

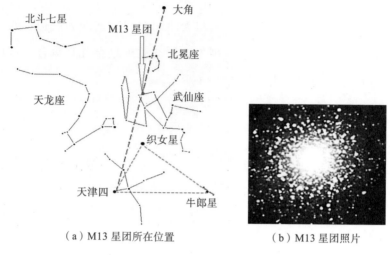

（a）M13 星团所在位置　　　　（b）M13 星团照片

图 2.35　M13 星团所在位置及照片

M13 星团视星等为 5.9，肉眼即可看到，也可以通过双筒望远镜或 Stellarium 找到。M13 星团距离地球 2.1 万光年，是位于银河系内部的星团，也是北天最大的星团。M13 星团中有数十万颗恒星，多为已诞生 100 亿年左右的老年恒星。

5. 天龙座

天龙座位于武仙座之西，如果将牛郎星与织女星的连线延伸至北斗七星中的天枢，就会经过天龙座的龙头和拱起的龙体。如果将武仙座中的众星进行连线，仿佛可以看到武仙的脚正踏在龙头上或者正用棒子击打着龙头。

6. 北冕座

北冕座（CoronaBorealis）中只有一颗二等星，即贯索四，它也是北冕座 α 星，星座中其余各星均为四等星或五等星。北冕座中各星围成了一个有缺口的圆形，开口朝向北极星方向，如图 2.36 所示。

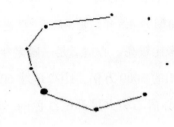

图 2.36　北冕座形状

在西方人眼中，北冕座是北天上的一个皇冠，但是在中国古代天文学中，它却被视为牢房。

夏季南天星空

1. 天蝎座

天蝎座（Scorpius）位于黄道附近，且大部分位于银河之中。天蝎座中的众星排列成一个"S"形，很像一只尾部呈弯勾形的蝎子。天蝎座中众星大多为三等星，只有 1 颗一等星和 5 颗二等星。组成蝎头的 4 颗星与组成蝎胸的 3 颗星的连线相互垂直，组成蝎尾的 9 颗星的连线呈弯勾形，如图 2.37 所示。

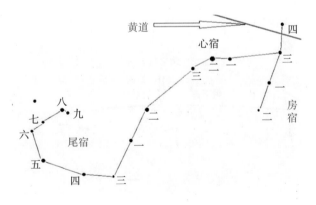

图 2.37　天蝎座形状

天蝎座 α 星的中文名称为心宿二（Antares），是一颗变光星，视星等为 0.9—1.8，变光周期为 4.8 年。心宿二一直进行着周期性的膨胀与收缩，膨胀时它看起来比较亮。心宿二是一颗老年红巨星，表面温度约为 350 度，大小是太阳的 5000 万倍，距离地球 603.99 光年。"Antares" 意为对抗火星，因为心宿二和火星都是红色的、较亮的星。除心宿二外，天蝎座中其他众星均为青白色的星，部分星的表面温度近 20000 度，并且均比较年轻。中国古代四象体系视房宿为青龙的龙腹、心宿为龙心、尾宿为龙尾，而房宿位于蝎头、心宿位于蝎心、尾宿位于蝎尾。

《诗经》中对心宿二有这样的描述："七月流火，九月授衣。"这句话中的"流火"不是夏季热浪来袭的意思，而是指心宿二，所以心宿二也被称为大火，而"流"的意思是心宿二正逐渐在西方落下。每年十月中旬入夜后，可以看到心宿二在西方落下，古人通过这一现象即可判断当前已经入秋。所以"七月流火，九月授衣"这句话预示着季节变更，天气逐渐转凉。

2. 射手座

射手座（Sagittarius）位于天蝎座之东、摩羯座之西。射手座在冬至日前后位于视太阳的后方，并且冬至点就位于射手座附近，所以冬至日前后看不到射手座，如图 2.38 所示。

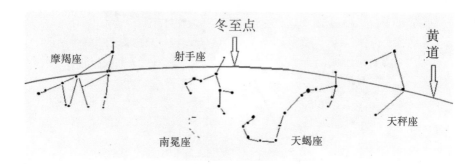

图 2.38　冬至点位于射手座中

著名的南斗六星位于射手座中，其形状与北斗七星很像，勺柄位于银河之中，勺口位于银河之外。西方人称银河为"milkway"，称南斗六星为"milkdipper"，可见中西方对南斗六星的形状认识颇为一致。

射手座中较亮的星不多，所以在地球上不容易看出它完整的形状。如果将射手座中较亮的星用直线连接起来，就会看到一只勺子（南斗六星）和一副弓箭，将二者合起来看又很像一只茶壶。中国古人称南斗六星为斗宿，称组成弓箭的星为箕宿。

如果以箕宿二为起点，向北画一条平行于斗宿二与斗宿三连线的直线，再以斗宿三为起点，向南画一条平行于斗宿二与箕宿二连线的直线，那么在这两条线相交的地方可找到 M8 星云（礁湖星云）与 M20 星云（三叶星云），二者均属于发射星云，如图 2.39（a）和图 2.39（b）所示。

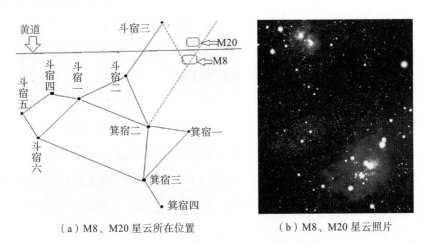

（a）M8、M20 星云所在位置　　　（b）M8、M20 星云照片

图 2.39　M8 星云与 M20 星云所在位置及照片

射手座附近的星云和星团很多，如 M22 星团。M22 星团是一个巨型球状星团，视星等为 5.9，距离地球 10000 光年。另外，还有 M8 星云及 M20 星云，二者均为发散星云，前者视星等为 6.8，距离地球 3900 光年。

银河系中心简称银心，指向射手座方向，所以射手座看起来特别明亮。科学家们认为银河系中心可能是一个巨大的黑洞，距离太阳大约 30000 光年，如图 2.40 所示。

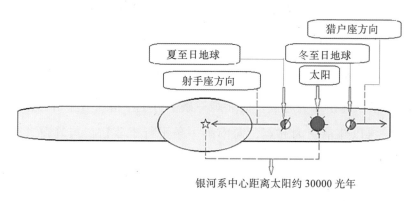

图 2.40　指向射手座方向的银河系中心

3. 南冕座

南冕座（CoronaAustralis）位于射手座之南，即南斗七星的斗口之南，其形状与北冕座很像，开口方向朝西。

4. 蛇夫座与巨蛇座

蛇夫座（Ophiuchus）位于天蝎座之北，并且黄道经过该星座。如此看来黄道附近有十三星座，至于为什么人们常说是十二星座，或许是因为占星学家为了让每个月对应一个与人的生日相关的星座，所以将蛇夫座排除在外。

巨蛇座（Serpent）被蛇夫座分为东、西两段。这两个星座中有许多二、三、四等星，较容易被发现，可在天蝎之北找到它们。

巨蛇座的蛇头位于大角之东，蛇尾位于南斗七星之北。蛇夫座与巨蛇座所呈现的画面，像是一位抓着一条巨蛇的农夫正在站定观天，如图 2.41 所示。

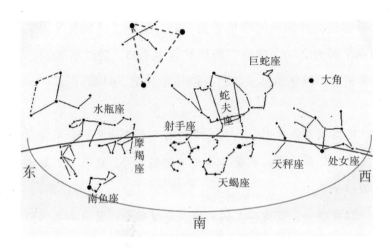

图 2.41　蛇夫座与巨蛇座所在位置

在古希腊神话中，巨蛇是引诱夏娃犯罪的蛇，最终被农夫抓来当作治病的药物。还有一种说法是天龙座才是引诱夏娃犯罪的那条蛇。中国古代天文学将蛇夫座、巨蛇座与武仙座视为天市垣，所谓天市就是天上的集市，各路神仙会在天市拜见天帝。

秋季星空

秋季北天星空

1. 飞马座

飞马座（Pegasus）位于仙女座之南、水瓶座之北。位于飞马身体部分的 3 颗星与位于仙女头部的 1 颗星组成了秋季四边形。4 颗星的视星等十分接近,室宿一的视星等为 2.45,室宿二的视星等为 2.40,壁宿一的视星等为 2.80,壁宿二的视星等为 2.05。通过秋季四边形可以找到很多星座和较亮的星,如图 2.42 所示和图 2.43 所示。

1. 在秋季四边形、仙女座中共有 6 颗二等星,如果将它们与天船三(英仙座 α 星,也是二等星)合起来看,很像一只巨大的、有柄的勺子。

2. 室宿一、室宿二之间的连线与壁宿一、壁宿二之间的连线在北极星附近相交。

3. 将室宿一与室宿二之间的连线向南延伸,会指向北落师门(南鱼座 α 星,视星等为 1.15)。

4. 将壁宿一与壁宿二之间的连线向南延伸,会指向土司空(鲸鱼座 β 星,视星等为 2.00)。

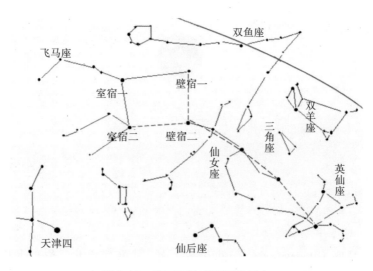

图 2.42　秋季四边形附近的星座

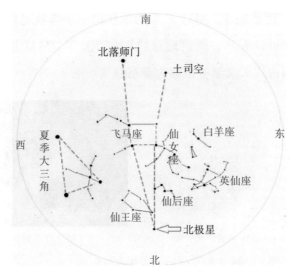

图2.43 在秋季四边形附近寻找较亮的星

在古希腊神话中，仙王座、仙后座与仙女座共同组成一个王室家族，他们在秋季的时候会骑乘飞马飞向天庭，而这匹飞马是由被大英雄珀耳修斯（Perseus）斩首的女妖美杜莎（Medusa）颈部喷出的鲜血化成的。在中国古代天文学的二十八星宿中，室宿和壁宿皆与土木工程密切相关，而壁宿和室宿位置相邻，其发音与"Pegasus"的发音十分相似。

2. 仙女座

仙女座（Andromeda）位于飞马座与英仙座之间。仙女座中有4颗距离很近、亮度相似的星，分别是位于"仙女"头部的壁宿二、腰部的奎宿九（仙女座 β 星）、左脚处的天大将军一（仙女座 γ 星）和头部与腰之间的奎宿五（仙女座 δ 星）。这4颗星的视星等分别为2.05、2.05、2.15和3.25。其中，天大将军一是一个双星系统。

在"仙女"的左膝盖处有一个很大的星系——M31星系，如图2.44所示。M31星系属于河外星系，曾被认为是星云，直到1923年天文学家哈勃通过天文望远镜对其进行了精确的测量与计算，才发现它不是星云，而是星系。M31 星系的形状像一个雾状光斑，视星等为 3.50，肉眼就可以看到，距离地球约 220 万光年。M31 星系比银河系还大，在中国古代天文学中被称为奎宿白气。

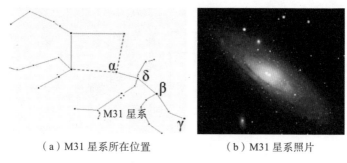

（a）M31 星系所在位置　　　　　（b）M31 星系照片

图 2.44　M31 星系所在位置与照片

3. 英仙座

英仙座（Perseus）位于仙后座与金牛座之间，是银河附近最美丽的星座之一，看起来很像天大将军脚下的一位仙人，如图 2.45 所示。在英仙座中，除天船三和大陵五（英仙座 β 星）为二等星外，其余星均为三等及三等以下的星。

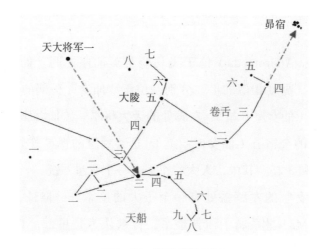

图 2.45　英仙座的形状

大陵五原意为妖魔，看起来很像妖魔的眼睛，如图2.46所示。中国古星图中将大陵五视为皇室的陵墓。大陵五十分特别，它的亮度一直都在变化着，古人曾认为它是一颗魔星。现代天文学家将其归为食双星。所谓食双星是由两颗星组成的，一明一暗，二者有各自的运行轨道。当较暗的星移动至较亮的星的前方时，整个星体看起来就会很暗。大陵五的变化周期为2天20小时49分，视星等为2.1—3.5。

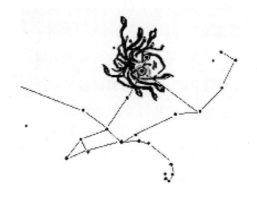

图2.46 大陵五所在位置

英仙座附近有许多星云，它们都位于银河系内部。每年8月12日前后，可以在黎明时分看到英仙座流星雨，这是由斯威夫特·塔特尔彗星穿越太阳系时所产生的碎屑与地球大气层发生摩擦形成的，其辐射点位于天船二（英仙座γ星）附近。

4. 仙后座

在秋季四边形与北极星之间有4颗二等星（王良一、王良四、策和阁道二）和1颗三等星（阁道二），它们之间的连线呈"M"形，这就是仙后座（Cassiopeia），如图2.47（a）所示。在秋季和冬季，人们常用仙后座代替北斗七星来寻找北极星。

在古希腊神话中，仙后是仙女的母亲。中国古代天文学认为居住在北极星附近的天帝，经常会以仙后座为起点，乘坐马车到秋季四边形附近散心。这个故事源于组成"M"的5颗星的名称，王良是一位历史人物，善驭马，仙后座中共有5颗王良星，其中，王良一与王良四较亮。"策"原意为马鞭，"阁道"原意为神仙走的路。在中国古代天文学中，将仙后座附近的仙王座视为造父，与王良同为驭马之神。

5. 仙王座

仙王座（Cepheus）位于天鹅座与仙后座之间，呈五边形，如图 2.47（b）所示。在仙王座中，视星等小于 3 的星只有 α 星，即天钩五（视星等为 2.47）。仙王座 γ 星的中文名称为少卫增八，视星等为 3.20，位于五边形度数最小的角处。受地球自转轴晃动的影响，再过 3000 年仙王座 γ 星将成为北极星，即地轴北端会指向此星。

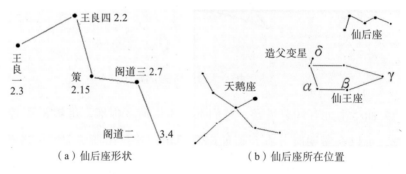

（a）仙后座形状 （b）仙后座所在位置

图 2.47 仙后座的形状及仙王座所在位置

仙王座 δ 星的中文名称为造父一，是一颗脉动变星。脉动变星的特点是星体会膨胀或缩小。每隔 5 天 8 小时，造父一的视星等会由 3.8 变为 4.3。造父一可以作为一把衡量其他脉动变星与地球之间距离的尺子，而衡量依据就是造父一的变光周期、视星等和它与地球之间的距离。

6. 三角座

三角座（Triangulum）位于仙女座之东、白羊座之西，其尖端朝南，如图 2.48 所示。位于三角形 3 个顶点上的 3 颗星分别为娄宿增六（三角座 α 星，视星等为 3.42）、天大将军九（三角座 β 星，视星等为 3.00）和天大将军十（三角座 γ 星，视星等为 4.03）。在娄宿增六之南有一个旋涡星系——M33 星系。这是一个河外星系，视星等为 6.7，距离地球 240 万光年。

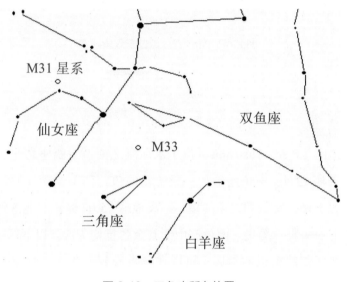

图 2.48　三角座所在位置

7. 白羊座

白羊座（Aries）位于金牛座之西、双鱼座之东。组成白羊头部的 3 颗星分别为娄宿三（白羊座 α 星）、娄宿一（白羊座 β 星）和娄宿二（白羊座 γ 星）。这 3 颗星皆不容易被找到，但是可以通过仙后座与仙女座来找到，即"白羊依偎仙女腰，跟随后王向西行"，因此只要找到"仙女"的腰部，就不难找到白羊座了。

大约 3000 年前，春分点位于白羊座附近，由于岁差的存在，如今春分点已移动至双鱼座附近，如图 2.49 所示。

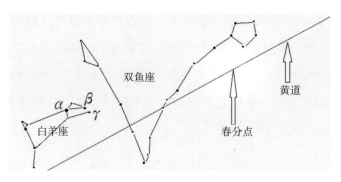

图 2.49　如今春分点位于双鱼座中

秋季南天星空

1. 南鱼座

南鱼座（PiscisAustrinus）位于水瓶座之南、天鹤座之北、显微镜座与御夫座之间。南鱼座形如一只游动的鱼，位于鱼嘴处的北落师门视星等为 1.15，是一颗白色的星，距离地球 25.07 光年。北落师门是秋季星空唯一一颗一等星。南鱼座中的其余各星均为四等以下的星。

在北回归线附近的地区，可以在秋夜看到北落师门从东南方向升起，中天时位于南方，仰角大约为 35 度，最终在西南方向落下，如图 2.50 所示。

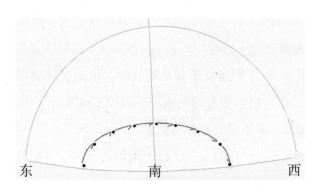

图 2.50　北落师门的移动轨迹

南鱼座、摩羯座、水瓶座、双鱼座、鲸鱼座和波江座组成了一个"水生系统"，这个系统中的星座名称都与水有关，如图 2.51 所示。古人将北落师门想象成一张鱼的嘴巴，正在喝水瓶座倒出的神水，因为它的附近没有较亮的星，所以西方天象学将它视为海角的孤星，因此有了"北落师门雄镇南天"的说法。

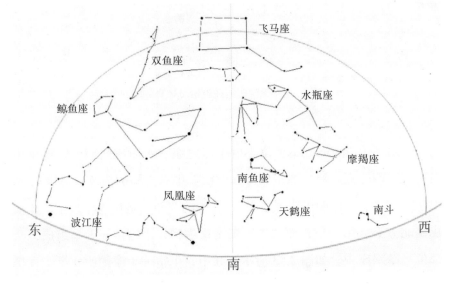

图 2.51　秋季南天星空

根据中国古星图的记载，北落师门之北还有 45 颗小星，被称为羽林军，这是一个庞大的骑兵部队。"师门"原指军队大门，而大门之北有羽林军，北落师门因此得名（详见第四章第一节）。

2. 天鹤座

天鹤座（Grus）位于南鱼座之南、杜鹃座之北。从北回归线附近的地区来看，天鹤座天时仰角为 15 度—25 度。天鹤座中有 3 颗较亮的星，分别为 α 星、β 星和 γ 星（这 3 颗星没有中文名称），视星等分别为 1.70、2.05 和 3.0，如图 2.52 所示。

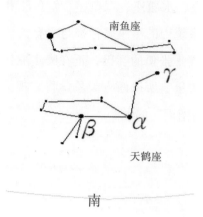

图 2.52 天鹤座所在位置及较亮的星

3. 摩羯座

摩羯座（Capricornus）位于射手座之东、水瓶座之西。摩羯座中只有三、四、五等星。苏东坡《赤壁赋》中有这样的描述："少焉，月出于东方之上，徘徊于斗牛之间。"其中的"斗"是指南斗六星，斗宿也是北方玄武第一宿，而"牛"则是指牛宿，牛宿由 6 颗星组成，全部位于摩羯座中，如图 2.53 所示。其中，牛宿一（摩羯座 α 星）视星等为 4.40，牛宿二（摩羯座 β 星）视星等为 3.05。

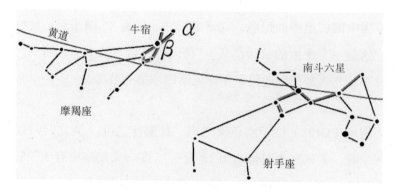

图 2.53 斗宿与牛宿所在位置

4. 水瓶座

水瓶座（Aquarius）位于摩羯座之东、双鱼座之西。水瓶座中各星亮度都很低，视星等为2.9—5。其中，危宿一（水瓶座α星）的视星等为2.95，虚宿一（水瓶座β星）的视星等为2.90。虽然水瓶座中的各星亮度都很低，但是有很多办法可以将它找到，如图2.54所示，具体如下。

1. 将壁宿二与室宿一之间的连线向南延伸，可以指向危宿一。

2. 将垒壁阵四（摩羯座δ星，视星等为2.85）与危宿二（飞马座θ星，视星等为3.50）之间用直线连接，这条直线会经过危宿一。

3. 危宿一、虚宿一与女宿一（水瓶座γ星）近似位于同一条直线上。

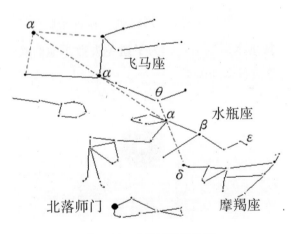

图 2.54　水瓶座所在位置

5. 双鱼座

双鱼座（Pisces）位于飞马座之南、水瓶座与白羊座之间，春分点就位于双鱼座附近，如图2.55所示。

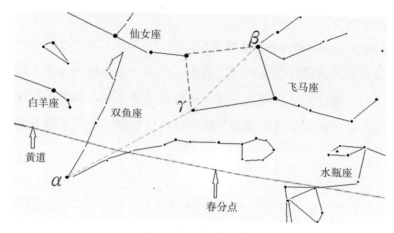

图 2.55　双鱼座所在位置

双鱼座中的众星视星等在 3.7—5.5 之间，亮度均不高。其中，位于秋季四边形之南的"鱼"较大，呈六边形；位于秋季四边形之东的"鱼"较小，呈五边形。

双鱼座的两条"鱼"呈"V"形排列。在古希腊神话中，维纳斯与她的儿子丘比特落水后变为鱼，为了避免失散，他们被一条丝带系在了一起，这就是双鱼座的由来。

冬季星空

冬季星空是指每年 2 月份晚上 8 点—9 点，3 月晚上 6 点—7 点的星空。冬季星空较亮的星特别多，它们彼此之间围成一个大圈，其中最容易辨认的是位于猎户座腰部、连成直线的三颗二等星，如图 2.56 所示。

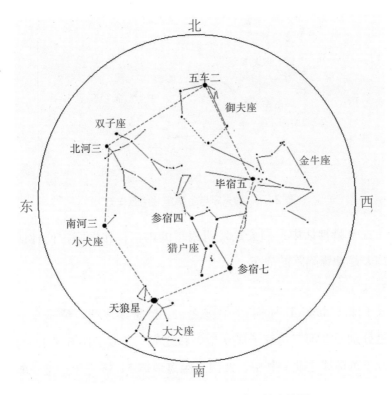

图 2.56　冬季星空的主要星座及较亮的星

冬季北天星空

1. 御夫座

御夫座（Auriga）位于银河之中，星座中 5 颗较亮的星构成了一个五边形。御夫座 α 星的中文名称为五车二（Capella），是一个双星系统，视星等为 0.05，距离地球大约 42.20 光年。

御夫座 β 星的中文名称为五车五，但目前已被划为金牛座 β 星，为两个星座所共用，视星等为 1.65，位于金牛座的牛角处，如图 2.57 所示。

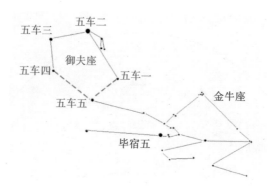

图 2.57　御夫座与金牛座共用五车五

在古希腊神话中，御夫是发明战车的国王；在中国古代神话故事中，御夫是冲锋陷阵的战车。

2. 双子座

双子座（Gemini）位于金牛座之东、巨蟹座之西。位于双子座头部的星分别是北河二（双子座 α 星）和北河三（双子座 β 星），这两颗星均位于黄道线之北。其中，北河二距离地球 51.55 光年，是一颗白色的星，视星等为 1.90；北河三距离地球 33.71 光年，是一颗橙黄色的星，视星等为 1.15。双子座的脚部位于银河之中，夏至点位于北河二所在的脚尖处，如图 2.58 所示。

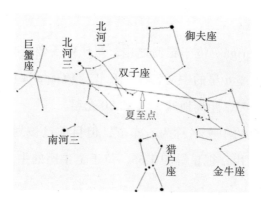

图 2.58　双子座所在位置

双子座每晚从东北方向升起，其头部先探出地平线。中天时它横卧于天顶，头朝东、脚朝西，最终在西北方向落下，如图 2.59 所示。每年 12 月 13 日前后可以看到双子座流星雨，辐射点位于北河二附近。

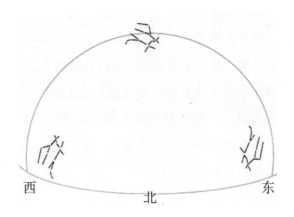

图 2.59　双子座的升落轨迹

3. 小犬座

小犬座（CanisMinor）位于大犬座之东，双子座之南。双子座 α 星的中文名称为南河三，位于黄道线之南，视星等为 0.40，距离地球 11.4 光年；β 星的中文名称为南河二，视星等为 2.85，距离地球 170 光年。

4. 大犬座

大犬座（CanisMajor）位于猎户座的东南方向，其部分位于银河之中。由于其形如一只大犬，所以在古希腊神话中被视为跟随猎户打猎的狗。

大犬座 α 星即为天狼星（Sirius），是一颗青白色的星，视星等为 –1.45，距离地球 8.60 光年，光度为太阳的 48 倍，是夜空中最亮的恒星，并且比其他一等星还要亮 10 倍。除了天狼星，大犬座中还有 4 颗二等星，3 颗三等星。中国古天象学认为天狼星是在战场上负责冲锋陷阵的将军。

5.猎户座

猎户位（Orion）于大犬座之西、金牛座之东，其形状像一个人，有头、双手、双肩、腰和双腿，并且其右肩位于银河之中。位于猎户座腰部的 3 颗二等星（视星等分别为 1.85、1.65、2.40）呈一条直线排列。在古希腊神话中，猎户座被视为正在打猎的猎人。

猎户座每晚在正东方向升起，中天时位于正南方向，仰角大于 60 度，最终从正西方落下。位于猎户腰部的 3 颗星从正东方向升起时垂直于地面，从正西方向落下时平行于地面，如图 2.60（a）所示，星座中众星名称如图 2.60（b）所示。

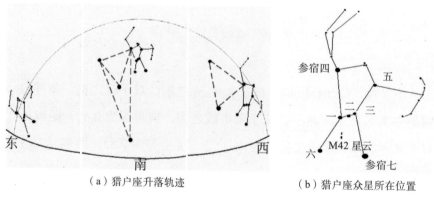

（a）猎户座升落轨迹　　　　　（b）猎户座众星所在位置

图 2.60　猎户座升落轨迹及众星名称

在中国古天象学中，猎户座被视为一只白虎，组成虎头的是觜宿，共有 3 颗星；组成虎身的是参宿，共有 7 颗星。其中，参宿一、参宿二、参宿三组成虎腰，参宿四、参宿五组成虎的双肩，参宿六、参宿七组成虎的双脚。

参宿四（Betelgeuse）是一颗红色的星，也是一颗变星，视星等为 0.4—1.4，变光周期为 2070 天，距离地球 427.47 光年。目前，参宿四已处于红巨星阶段，正在不断地膨胀与收缩，已经趋近爆炸、毁灭。参宿七（Rigel）是一颗青白色的星，视星等为 0.15，距离地球 772.88 光年，正在大量且快速地释放能量。猎户座中其他各星均为青白色的星，并且都很年轻。

在猎户座腰部附近有两个形如猎刀的星云——M42 星云和 M43 星云，其中，M42 星云也被称为猎户座大星云。二者均为散光星云，视星等均为 4.0，肉眼可以直接看到，也可以通过双筒望远镜看到。M42 星云距离地球 1500 光年，是最接近地球的恒星形成区，实际面积为 30×26 光年。位于 M42 星云中心的是一个青白色的四重星，诞生于 10000 年前。由于它发出的强紫外线激活了四周的星云，所以整个星云看起来闪烁着美丽的红光。

如果将参宿二与参宿一之间的连线向东延伸这条线的 1/4 长度，然后以它为底边画一个直角三角形，就能找到另一个著名的星云——马头星云，其所在位置及照片如图 2.61（a）和图 2.61（b）所示。马头星云距离地球大约 1500 光年，本身不会发光也不会透光，是由很厚的宇宙尘埃和旋转气体构成的。马头星云本身很暗，但是由于位于其后方的参宿一不断地电离氢气并产生红光，所以我们可以在地球上看到它。

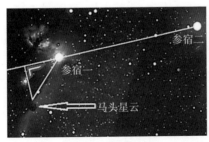

（a）马头星云所在位置　　　　（b）马头星云照片

图 2.61　马头星云所在位置及照片

每年 10 月 15 日—30 日可以看到猎户座流星雨，辐射点位于参宿五附近。狮子座流星雨是由哈雷彗星的碎屑进入地球大气层经过摩擦产生的。

6. 金牛座

金牛座（Taurus）位于白羊座之东、双子座之西，如图 2.62 所示。金牛座的脸部呈"V"型。金牛座 α 星的中文名称为毕宿五（Aldebaran），星座中其他各星组成了毕宿星团，其中比较亮的星有毕宿一、毕宿二、毕宿三、毕宿四、毕宿六和毕宿七。毕宿星团距离地球 140 光年，是 5 亿年前形成的。毕宿五是一颗红色的星，视星等为 –0.65，距离地球 65 光年，目前正处于红巨星阶段。

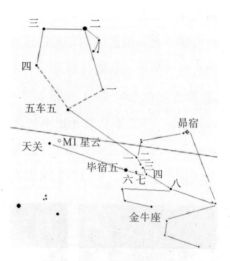

图 2.62 金牛座所在位置

位于金牛座右牛角尖处的星为天关星，它的附近有一个蟹状星云——M1 星云，其位置及照片如图 2.63（a）和 2.63（b）所示。M1星云是在 1731 年被发现的，视星等为 8.4，距离地球 6300 光年，是超新星爆炸后形成的，位于其中心的星会不断地发出 X 射线和电磁波。

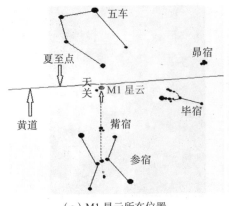

（a）M1 星云所在位置

（b）M1 星云照片

图 2.63　M1 星云所在位置及照片

中国天文史书《宋会要》中有如下描述：

　　至和元年 5 月（公元 1054 年 7 月 4 日），晨出东方，守天关，昼如太白，芒角四出，色赤白，凡见二十三日（详见第四章第二节）。

1942 年，天文学家确定，金牛座附近的 M1 星云就是中国超新星的残骸。M1 星云中的中子星体积很小，直径为 30 千米，自转速度为 33 次／秒，用光学望远镜无法看到它，但是用无线电波（射电）望远镜可以看到它，还可以看到它发出的脉冲无线电波。

　　昂宿星团位于金牛座的背部（英仙座脚下），肉眼就可以看到，也可以用双筒望远镜看到。昂宿星团（Pleiades）又称七姊妹星团，视星等为 2.85—5.75，约由 400 颗星组成，并且每颗星四周的星都会反射位于中间的星的光，使得整个星团呈青白色。昂宿星团所在位置及照片如图 2.64（a）和 2.64（b）所示。

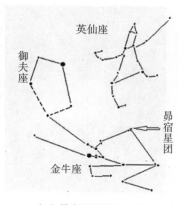

（a）昴宿星团所在位置　　　　　（b）昴宿星团照片

图 2.64　昴宿星团所在位置及照片

　　世界各国的人都对昴宿星团十分喜爱。例如，古代日本人把昴宿星团视为美丽的首饰，对它有着很特别的感情，汽车品牌"SUBARU"也是由昴字的日语发音而来的。

7. 巨蟹座

　　巨蟹座（Cancer）位于双子座之东、狮子座之西。古代夏至日视太阳后方的星座为巨蟹座，夏至日当天太阳会从巨蟹座方向直射北回归线，所以北回归线的英文名称为 TropicofCancer。由于岁差的存在，夏至点已经移至双子座附近了，但是北回归线的英文名称依然没有改变。

　　巨蟹座中有一个疏散星团——M44 星团，又称蜂巢星团，位于轩辕十四与天樽二（双子座 δ 星）之间，视星等为 3.10，可以用双筒望远镜看到，其所在位置及照片如图 2.65（a）和图 2.65（b）所示。如果用肉眼看 M44 星团，很容易将它误认为星云。在中国古代天象学中，M44 星团被视为饲料筒，并将位于其南、北的两颗星，即鬼宿三（巨蟹座 γ 星）和鬼宿四（巨蟹座 δ 星）视为两头想吃饲料的驴子。

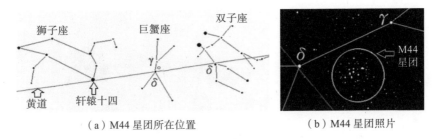

（a）M44 星团所在位置 　　　　　　（b）M44 星团照片

图 2.65　M44 星团所在位置及照片

中国古人称巨蟹座所在的区域为鬼宿，称 M44 星团为积尸气。《石氏星经》中有这样的描述："鬼宿中央一星，白如粉絮，似云非云，似星非星，见气而已，名曰积尸气。"

冬季南天星空

1. 冬季大三角

冬季大三角是由参宿四、南河三和天狼星构成的，有时也用老人星来代替天狼星，构成另一个冬季大三角，如图 2.66 所示。前文已对冬季大三角进行过描述，故此处不再赘述。

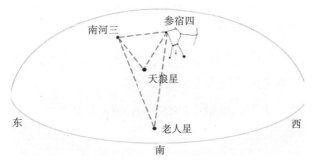

图 2.66　冬季大三角

2. 南船座

南船座（Argonauts）本来是全天最大的星座，在十八世纪被拆分为船底座（Carina）、船帆座（Vela）、船尾座（Puppis）和罗盘座

（Pyxis），如图 2.67 所示。

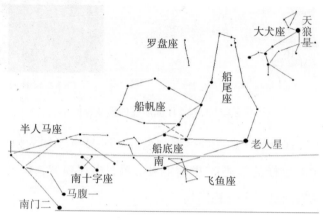

图 2.67　南船座的构成及所在位置

南船座位于大犬座与南十字座之间的银河之中，赤纬很低。其中，船底座 α 星即为老人星（Canopus），它是一颗白色的星，视星等为 −0.65，距离地球 312.7 光年。在众恒星中，它的亮度仅次于天狼星。大约一万年后，老人星将变为南极星。

在北回归线附近的地区，可以看到老人星每晚从东南方向升起，中天时位于南天，仰角为 15 度，最终从西南方向落下，在空中共移动 6 个多小时。由于仰角很低，加上大气层的遮挡，所以它看起来略显黯淡。中国古代将老人星视为寿星或太平星。

在古希腊神话中，南船（TheShipArgo）是众英雄取金羊毛时乘坐的船。

3. 麒麟座

麒麟座（Monoceros）位于大犬座与小犬座之间，是一个很暗的星座。星座中最亮的星仅为四等星。在中国传统文化中，麒麟是一种龙头马身的神兽，代表祥瑞。

麒麟座中最美丽的天体就是NGC2244星云，也称玫瑰星云，位于参宿四与南河三的连线上，如图2.68（a）和图2.68（b）所示。玫瑰星云是一个散射星云，其中有6颗可以发出强紫外线的高温星体，使得整个星云发出红色的光。另外，在玫瑰星云中有许多黑点，它们未来将演变为新星。

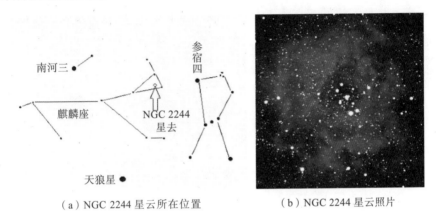

（a）NGC 2244星云所在位置　　　（b）NGC 2244星云照片

图2.68　NGC2244星云所在位置及照片

4. 天兔座

天兔座（Lepus）位于猎户座之南、大犬座与波江座之间，形如一只短耳兔，星座中众星的视星等为2.8—3.9，如图2.69（a）所示。在中国古代天文图中，屏星与厕星被划入天兔座，如图2.69（b）所示。

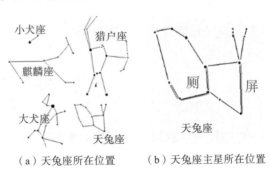

（a）天兔座所在位置　　（b）天兔座主星所在位置

图2.69　天兔座及其主星所在位置

天兔座和周围的几个星座组成了一幅有趣的画面：猎户带着他的猎犬虎视眈眈地盯着这只小兔子，显然这只小兔子已是猎户的囊中之物了，但猎户似乎没有满足，还准备对付金牛。

5. 波江座

波江座（Eridanus）位于猎户座的西南方向，其形状像一条曲折的河流，并且河流的起点为玉井三（波江座 β 星），终点为水委一（波江座 α 星），如图 2.70 所示。

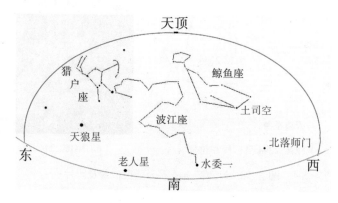

图 2.70　波江座所在位置

水委一位于负赤纬 57 度 22 分处，视星等为 0.46，距离地球 69 光年。水委一的英文名称为 "Achernar"，原意为河流的终点。

在北回归线附近的地区，可以看到水委一从东南方向升起，仰角最高可达到 10 度左右，最终从西南方向落下。

小结

由于地球不停地自转，众星座在空中看似有规律地东升西落，人们可据此度量时间与方位。恒星在天球上的位置在短时间间内不会有明显的改变，各星与星座彼此之间的相对位置也是固定的。

　　在观星之前要了解各星座及众星出现的方位与时间，随着所认识的星座及星的数量的增多，你就会对观星越来越有兴趣。如果在夜间观星的时候带有一些知性或感性思维，那么你眼中的众星将不只是夜空中或明或暗的亮点，而是一段段美丽的神话故事。

第三节
星的温度与颜色

天上的星或明或暗，或大或小，各自有着不同的颜色。在我的观星团队中，常常讨论星的这些特点，还会据此进行有奖问答供大家娱乐。青白色的星有水委一、参宿七、角宿一、轩辕十四；白色的星有天狼星、织女星、马腹一、河鼓二、北河二、北落师门、天津四；黄白色的星有老人星、南河三、北极星；黄色的星有五车二；橙黄色的星有大角星、北河三、毕宿五；红色的星有参宿四、心宿二。为什么众星会有不同的颜色？答案是，它们的温度不同。如果用实验来说明这一现象就比较容易理解了。我曾经与傅祖业教授共同设计了一个实验，来验证星的表面温度与其所呈现的颜色之间的关系。

　　首先在插座上连接一个 110V 的电源，用一个变压器将这个电源分别转换为 3V、4.5V、6V、9V 和 12V 的电压源，然后将它们依次连接到 12V 的灯泡上，如图 2.71 所示。随着电压的逐渐升高，灯丝的温度也在逐渐升高，灯泡的颜色由红色变为黄色，接着又变为白色，如图 2.72（a）、图 2.72（b）和图 2.72（c）所示。

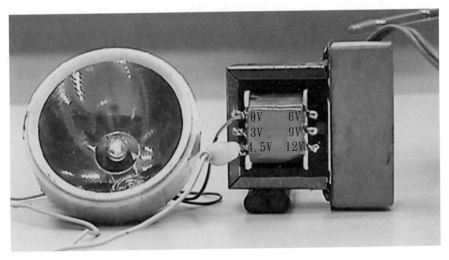

图 2.71　实验装置

（a）4.5V 电压

（b）6V 电压

（c）12V 电压

图 2.72 随着电压的升高，灯泡的颜色逐渐发生变化

如果在位于暗室中的灯泡前面放置一个半透明的灯罩，就能更清楚地看到电压与灯泡颜色之间的关系，如图 2.73（a）、图 2.73（b）和图 2.73（c）所示。

（a）放置灯罩

（b）4.5V 电压

（c）12V 电压

图 2.73 放置灯罩后灯泡的颜色变化

上述实验在暗室中进行效果更佳，因为没有其他光的影响，这样就可以看到灯泡本身发出的光的颜色。在灯泡前面放置一个半透明灯罩可以降低灯泡的亮度，增大灯泡的发光面积，使实验结果更加清晰、直观。通过上述实验可以得知，星的颜色不同是由于其表面温度不同。

在歌曲《在银色的月光下》中，有如下歌词：

在那金色沙滩上，洒着银白的月光。寻找往事踪影，往事踪影迷茫。

这段歌词描绘的情景与上述实验情景有着异曲同工之妙：当阳光照在沙滩上时，沙滩呈金色；当月光照在沙滩上时，沙滩呈银白色。无论是实验还是歌词，都在描述光与颜色的关系，只不过恒星的光是其本身发出的，而沙滩的颜色是通过反射太阳光或月光产生的。

第三章

观星技巧

观星经验较少的人很难在空中找到自己的观测目标，并且很容易在观星、认星的过程中，错认观测目标，甚至张冠李戴，所以在观星的时候需要借助一些工具。传统的观星工具有指北针和星座盘，随着科技的进步，又出现了很多天文软件，如 Stellarium。在使用这些观星工具之前，需要对它们有一定的了解，这样才能更好地帮助我们观星。

第一节
借助星座盘观星

星座盘价格低廉、便于携带，但是很多人对它存有误解，认为天空是立体的，而星座盘是平面的，很难在二者之间建立联系。下面我们将通过实例来说明如何借助星座盘观星。

从南园观星讲起

某年夏天，我与一位朋友到新竹著名的景点南园游览，并住在景区内。某天夜里，我们突然被虫声吵醒，于是打开窗户向空中望去，看见了满天星斗。这时我的朋友问我："今晚最容易观测到的是哪个星座？"我指着天空对他说："是天蝎座。"后来，我们便即兴聊起了关于观星的话题。

朋友："天蝎座真的很像一只大蝎子，有头、有尾，而且尾巴像一个弯钩。"

我："它身上最亮的地方在心脏的位置，就是那颗红色的星，名叫心宿二。"

朋友："天蝎座很容易辨认，原来它是头朝上、尾朝下，垂直于地平线的。"

我："它不会始终停在一个位置，你听说过'斗转星移'吗？"

朋友："斗转星移？'移'向哪儿？怎么移？"

我："再多看一会儿或者晚点再看，就明白了。"

那晚我们真的在聊"天",不但拿出了指北针,还拍摄了很多星空照片。能与朋友在一个晴朗的夜晚一起观星、聊天是很美好的经历。为了纪念那晚的经历,我在日记本上将那晚看到的星空大致画了下来,并将 3 张不同时间拍摄的天蝎座照片简单处理了一下,然后拼接在了一起,如图 3.1 所示。

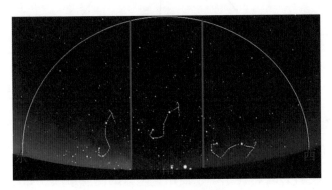

图 3.1　7 月 1 日天蝎座的移动轨迹

在星座盘上看到的星空,有时与真实的星空"不同"。例如,用星座盘的全天星空观测位于南天的天蝎座时,会发现它并不是头朝上、尾朝下的,如果将星座盘旋转 180 度再观测,也与实际情况不符,并且看起来天顶"凹"下去了,南天"变得"很大,如图 3.2(a)和图 3.2(b)所示。

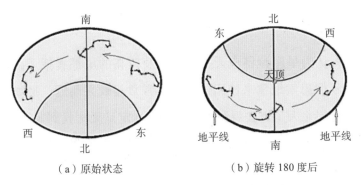

(a)原始状态　　　　　　(b)旋转 180 度后

图 3.2　用星座盘的全天星空观测天蝎座

如果用星座盘的南天星空来观测天蝎座，就与实际情况完全吻合了，即天蝎座从东南方向以头朝上、尾朝下的姿态升起，如图 3.3 所示。

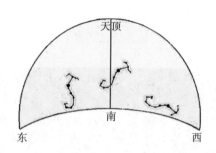

图 3.3　用星座盘的南天星空观测天蝎座

一次偶然的出游造就了一个关于星空的新发现。我们不但看到了天蝎座"凌空漫步"，还了解了使用星座盘的注意事项。如此一来，我们对观星就更有兴趣了。

星座盘的制作

很多人认为星座盘将全天主要星座及较亮的星都囊括了，于是在观星之前不假思索地拿来使用，但结果常常是败兴而返。例如，如果参考星座盘的北天星空去观测南天星空，肯定是无法找到观测目标的。既然星座盘不可以直接拿来使用，那么我们首先要明白立体的天球是如何转换为平面的星座盘的。

对于北回归线附近的地区来说，由于北极星位于地轴所指向的天球北极上，仰角等于北回归线的纬度，所以天球仪的地轴北端与地轴南端分别与地平线所在的平面呈 23.5 度的夹角，如图 3.4（a）所示。从天球北极的方向上看，地球围绕地轴沿逆时针方向自转。相对的，天空看似沿顺时针方向绕地轴自转。举例来说，在我国台湾地区始终看不到天球南极附近（赤纬 –66.5—–90 度）的星空，因为那个区域的星空永远位于地平面以下，如图 3.4（b）所示。

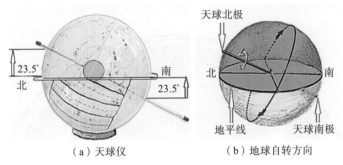

（a）天球仪　　　　　　（b）地球自转方向

图 3.4　天球仪及地球自转方向

将天球仪像剥橘子一样，沿天球南极的方向剥开、摊平，这时切口两侧的部分是分开的，而如果将相邻切口轮廓彼此拉近，就会形成一个圆盘。经过上述操作，一个立体的天球仪就变成了平面的星座盘，并且星座盘越外侧（原天球仪的南天星空）被拉得越大，星座盘的中心是北极星，如图 3.5 所示。

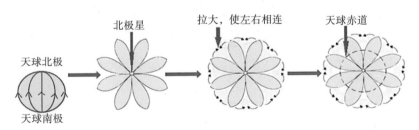

图 3.5　星座盘的制作过程

星座盘边缘标示着天球赤经，即 0—23h，而赤纬则是根据天球仪的赤道标示的，靠近北极星的方向依次为 0—90 度，远离北极星的方向依次为 0—–90 度。在星座盘中，因为天球南极附近的星空永远看不到，所以最小赤纬为 –66.5 度，浅色、不规则的圆形区域表示银河，以北极星为中心的圆圈表示天球赤道，而虚线圆圈则表示黄道。黄道与天球赤道的两个交点分别为春分点和秋分点，黄道上的夏至点位于北天（天球赤道内侧），黄道上的冬至点位于南天（天球赤道外侧），如图 3.6 所示。

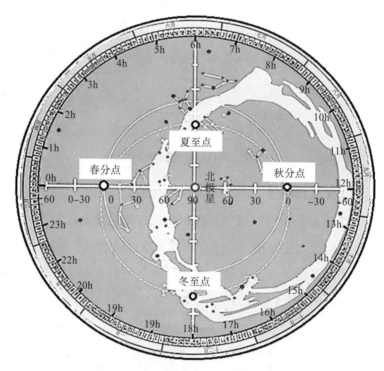

图 3.6 星座盘上的重要节点

有人会有这样的疑问："星座盘是辅助观星的，为什么上面还标有黄道？""黄道不是视太阳的移动轨迹吗？""观星还与太阳有关？""我们之前讲过，由于地球始终围绕着太阳公转，所以视太阳后方的星座也在不停地变化，如果将视太阳后面的星座连接起来，就会出现一条轨迹，也就是星座盘上的黄道。因为没有那么大的空间，所以要在星座盘上标示所有星座和星的名字是不现实的，于是就将黄道上视太阳对应的月和日标示在星座盘最外侧，如图 3.7 所示。这也就是要在星座盘上标示黄道的原因了。

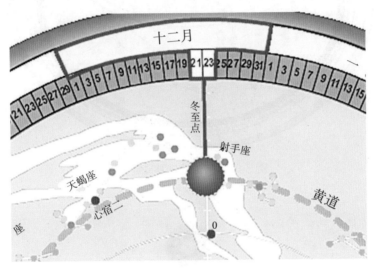

图 3.7 将黄道上视太阳对应的月和日标示在星座盘最外侧

市场上的星座盘并不只是一个画满天体的平面，它的上面还有一个移动窗口，窗口的边缘代表地平线，如图 3.8 所示。每天视太阳从东方地平线处升起，在西方地平线处落下。转动星座盘时，标示在最外侧的视太阳也会转动。使用星座盘时，要将月、日、地平线和视太阳位置等多个要素结合起来，才能正确获得某时、某地的星空信息。

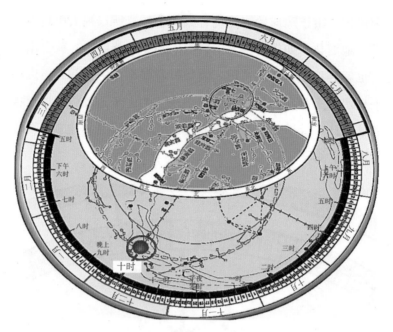

图 3.8　星座盘上的移动窗口

星座盘正确的使用方法

星座盘可以将立体的星空以平面的方式呈现，但是它不能将星空按照东、西、南、北四个方向等分，所以对于北半球来说，星座盘有正、反两面，正面是全天星空，反面则是南天星空。

图 3.9—图 3.11 分别展示了正确使用星座盘观测北天星空、南天星空和天顶附近星空的方法（实地观测时可参照图中观测者的站姿与星座盘的拿法）。

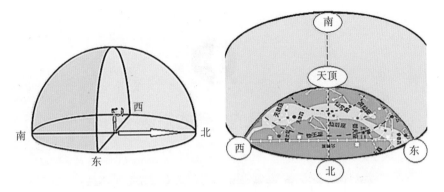

图 3.9　观测北天星空时，使用全天星空的北天星空

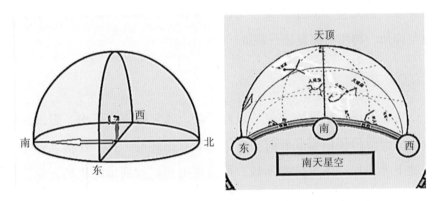

图 3.10　观测南天星空时，使用反面的南天星空

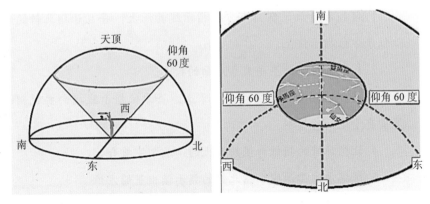

图 3.11　观测天顶附近的星空时，使用全天星空仰角大于 60 度的部分

测量星的位置的方法

观星经验丰富的人非常熟悉四季星空的主要星座及星，并且对它们的所在位置了如指掌，因此观星时几乎不需要测量星座及星的方位与仰角。但是对于观星经验不足的人来说，需要先测量星座及星的方位与仰角，再用星座盘进行验证。

星的方位的测量方法

指北针是测量星的方位的最好工具，通常应用于航海、野外探险等领域。但是使用指北针时要考虑磁场对指针的干扰。在指北针中心点的下方添加一条方位指示线，可以帮助我们找到星的正确方位，如图 3.12 所示，具体过程如下。

1. 将指北针放置在画有方位指示线的纸上，并且让指北针的中心位于方位指示线上。
2. 找到要观测的星垂直于地面的投影。
3. 将上述测量工具平放于手掌上，将方位指示线指向要观测的星垂直于地面的投影。
4. 让指北针的指针与星座盘上的"北"字重合。
5. 根据方位指示线和指北针的指示读出星的方位。

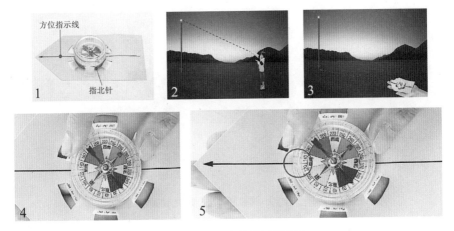

图 3.12　星的方位的测量方法

仰角的测量方法

测量星的仰角时，可以使用拳头，如图 3.13 所示，具体过程如下。

1. 一只手握拳，将手臂向前伸直，将拳头的上缘举到与眼睛一样高的位置，此时表示仰角为 0 度。

2. 将另一只手握拳，放在已经握拳的那只手上，并将原来那只手举到上面那只手所在的位置，每增加一个拳头的高度就相当于将仰角拉高了 10 度（注意，拳头在空中的位置必须稳定，防止造成误差）。

3. 直到拳头刚好遮住星星，这时计算拳头数，就可以得到星的仰角度数了。

图 3.13　星的仰角的测量方法

⬆ 此时星星的仰角是 30 度。

用拳头测量仰角的方法要多加练习。当测出要观测的星的方位与仰角后，再通过星座盘查找它出现的时间，就可以在空中找到它。

观星时的注意事项

1. 观星时间和地点的选择

在日常生活中，很难找到一个可以看到完整的星空的地方，但是比较亮的星还是很容易看到的。在闹市区，夜晚时各建筑物本身及它们的灯光、人们活动产生的烟雾等都会影响观星效果。要解决这个问题，除了要尽量避开灯光，还可以用手臂、书本、帽檐等物体遮挡灯光。在有灯光的环境下，比较容易观察到的只有头顶区域的较亮的星。

如果到比较高的地方观星，上述干扰因素就很少或根本不存在了，甚至满天闪烁的繁星会给人一种眼花缭乱的感觉。虽然高山、旷野、海边等区域都是观星的好地方，但是建议找个伙伴一同观星，因为安全第一。

2008年中秋节的晚上天气晴朗，我独自到新竹的南寮渔港赏月，走到离街灯和渔火很远的海边坐了下来。这时我背对明月，地上的影子十分清晰，浪花一直拍打着海岸，夜空星光灿烂。原本只想来赏月，竟意外地观起了星。那晚我看到北斗七星的勺口向上，最终落入海中，夏季大三角由高空从西方逐渐落下，秋季四边形缓缓东升，远处还有星星点点的渔火作为陪衬，于是我将那晚看到的星空画到了日记本上，如图3.14所示。事隔多年再回想起来，那晚观星的情景仍然十分清晰。

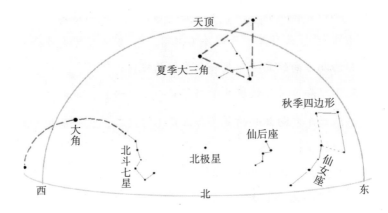

图3.14　2008年中秋节看到的星空

2. 观星前的准备和预习工作

在观星之前要准备星座盘、指北针、包着红色玻璃纸的手电筒（灯光太亮会对眼睛造成伤害）、有帽檐的帽子（用于挡光）、手表、防蚊虫叮咬的衣裤等物品。

新手在每次观星前，要先了解一下当晚会出现的星座及星。例如，2013年7月28日我的外孙和他的同学相约观星，他们不但用了星座盘，还用了Stellarium软件，之后对当晚出现的星座及星做了简要总结，具体如下。

由于群星看起来是东升西落的，所以为了达到良好的观测效果，要先观测西方星空，再观测东方星空。

（一）天刚黑时

1. 正西方向的落日和金星（星座盘上没有标示行星，但Stellarium软件中有标示）；

2. 正南方向即将落下的狮子座（轩辕十四）和春季大三角；

3. 正南方向的青龙（中国古代天文学中的四象之一）七宿（角宿、亢宿、氐宿、房宿、心宿、尾宿和箕宿，详见第四章第一节）、处女座（角宿一）、天秤座、天蝎座（心宿二）、射手座（南斗六星）；

4. 西北方向的北斗七星和春季抛物线；

5. 土星和黄道（根据黄道附近的十二星座与行星查找）；

6. 从正东方向升起的夏季大三角（河鼓二、织女星和天津四）；

7. 北极星；

8. 北冕座（头顶附近）。

（二）21时—23时

1. 仙后座与秋季四边形（北天）；

2. 北落师门（南天）。

（三）寻找北极星的方法

1. 根据北斗七星寻找；

2. 根据仙后座寻找；

3. 根据夏季大三角寻找；

4. 根据秋季四边形寻找；

5. 根据方位和仰角寻找。

3. 学习辨认星座

将星座中位于边缘的各星用线进行连接就可以看到星座的形状。由于不同地区的人有着不同的文化背景与习惯，所以同一个星座可以有多种画法。例如，画射手座、牧夫座和鲸鱼座时，有的人喜欢在连线的同时标注各星名称，有的人喜欢完整地画出每个星座对应的形象，有的人则只是用几条直线将星座的轮廓大致勾勒出来，如图3.15所示。

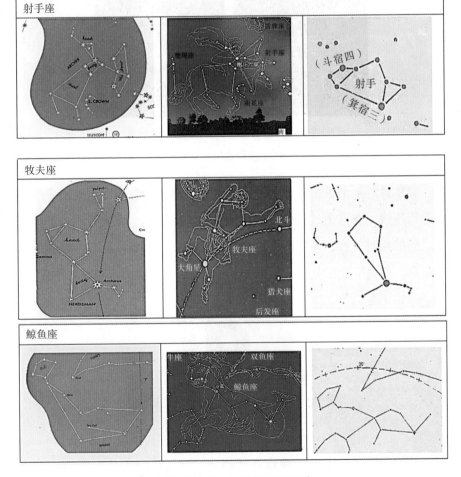

图3.15 同一星座的不同画法

同一星座中各星之间的距离相差极大，各星之间的距离是以光年为单位的。以大家比较熟悉的猎户座为例，星座中最亮的两颗星是位于猎人右肩处的参宿四和位于左脚处的参宿七，它们与地球之间的距离不同，前者为 427.47 光年，后者为 772.88 光年，但是它们看起来仿佛位于同一个平面内，如图 3.16 所示。

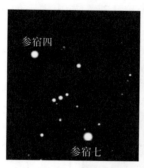

（a）猎户座照片　　　　（b）猎户座图形

图 3.16　猎户座照片及其图形

如果要对某个星座有深入的了解，则可以自行尝试将该星座中的各星进行连线。在这个过程中，会加深对各星的名称、视星等及各星座彼此之间的相对位置、相对距离、形状等的记忆。如果熟悉了各星座的基本信息，在观星过程中可以更加明确自己的观测目标，从而提高准确度。

探索银河——用星点连星座

由于我们平时生活的城市高楼密集、空气质量不佳，所以许多人从未看到过银河。如果多到乡下走走或者在夜晚的时候爬上山顶，就有机会看到银河。它像深邃的天幕中的一条白色的丝带。中国古人对银河十分钟爱，在许多诗词中都能找到关于它的描述。《晋书·天文志》中对银河的边界及它附近的星座进行了详细的说明。

1609 年，意大利天文学家伽利略发明了世界上第一架天文望远镜，并通过它看到了比肉眼所看到的更丰富、更灿烂的星空，如月面的凹凸、金星的盈亏、太阳黑子、木星的卫星、银河中的众星等。那时人们发现银河相当于众星的聚集地，它既非通天之河，亦非天上的牛奶之路。在《蜀都赋》中有"云汉含星，而光耀洪流"这样的描述，由此可见银河是由无数颗星组成的。天文学的研究报告一直呈指数般增长，为了纪念伽利略发明了天文望远镜，联合国大会将 400 年后的 2009 年定为国际天文年。

今天，人们不但可以在地球上观星，还可以通过探测器访问太阳系中的其他行星；不仅可以通过光学望远镜观测宇宙，还可以通过电波望远镜分析来自外太空的辐射波，深入了解宇宙的真实面貌，而且可观测宇宙的半径已扩大到 100 亿光年。

2009 年，广达文教基金会与日本天文插画家加贺谷穰（KAGAYA）在台北市立天文馆联合举办了一场主题为"天空中的秘密——与 KAGAYA 同游星空"的校园巡回展。观测与体验浩瀚的宇宙是一个将科学与美学相结合的学习过程。

我在活动中看到了加贺谷穰先生为《银河铁道之夜》创作的数字动画。《银河铁道之夜》是日本大师级作家宫泽贤治创作的经典童话，寓意深远。加贺谷穰先生创作的数字动画表达了对宇宙的无穷幻想，他创作的灵感源于梦境，所以作品中银河的各星座看起来与在地球上看到的样子相同。在欣赏、品味这部作品之余，我们也了解了银河中有哪些星座（部分星座如图 3.17 所示），这是一个很好的学习过程。

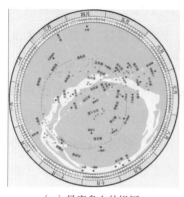
（a）星座盘上的银河

（b）银河中的部分星座

图 3.17　星座盘上的银河及银河中的部分星座

小结

　　我们可以通过旋转星座盘来确定观测目标出现的时间及所在位置。星座盘物美价廉、携带方便。由于它将立体星空以平面的方式呈现，所以我们必须了解如何正确地使用它，并且要在观星之前通过它对星空有一个大致的了解。对于观星经验丰富的人来说，四季星空早已印在了脑海中，观星时几乎无须使用星座盘，只通过某颗较亮的星就能找出附近的星座及星，但对于初学者来说，借助星座盘来观测星空是很有必要的。

　　日本天文插画家加贺谷穰通过电脑绘图（Computer Graphic）的方式，将实际星空制成了如梦似幻的数字动画。我有幸在"天空中的秘密——与 KAGAYA 同游星空"校园巡回展中担任顾问工作，并见到了各校负责介绍作品的孩子们。如果能找到每个星座神话故事中的星座，并根据星座的图形去熟悉各星座及各星座的相对位置，将使大家在观星和认星的过程中获得极大的乐趣。孩子们在讲述加贺谷穰先生的画中的神话故事时，准确地传达了作品中蕴含的文化与哲理。在欣赏作品之美，分析其构图、创意和色彩，也能激发孩子们的创造力。

最后，借用广达文教基金会董事长林百里先生的一句话来传达这一活动的价值：

我们希望这个探索星空的展览，不仅能带你遨游星空、学习知识、欣赏艺术，还能引导你去思考生命的真正价值。

第二节

借助 Stellarium 软件观星

Stellarium 是一款经典的天文软件，有着人性化的操作界面，使用者可以随时随地通过它看到美不胜收的实时模拟星空，而不受天气、地点的限制。它还能显示各行星每日在空中的位置，从而让人们可以观测行星、星团、星云、星系等天体。

本节我们将介绍该软件的下载、安装过程，以及它的使用方法，希望通过抛砖引玉的方式让读者享受高科技成果，再创新文明。

Stellarium 软件的下载与安装

Stellarium 软件的官方地址为 http://stellarium.org/，读者可根据需要选择合适的版本进行下载，本节以 Stellarium–0.10.2 版本为例。

Stellarium 软件的安装过程如下。

1. 安装主程序。双击 Stellarium–0.10.2.exe 文件，按照提示完成后续步骤。

2. 安装中文增强包。双击 Stellarium–zhTW–addon–0.1.7.exe 文件，选择"简体中文"。

3. 恒星中文化处理。将 star_names.fab 文件复制到 C:\ProgramFiles\Stellarium\Skycultures\Western 目录下（软件安装目录，读者可自行选择），覆盖既有文件。

4. 星座中文化处理。将 name.fab 文件复制到 C:\ProgramFiles\Stellarium\Stars\Default 目录下，覆盖既有文件。

安装完毕后，在"开始"菜单栏中点击快捷方式，即可使用 Stellarium 软件。

Stellarium 软件的主要选项

Stellarium 中的选项有很多，对各选项的功能都熟悉以后就能灵活地使用该软件了。

1. 下方选项

下方选项包括星座连线、星座名称、星座插画、地平线坐标、赤道坐标、方位基点、大气、星云、将选择的天体移至画面中央（先用鼠标点击目标天体，再按键盘上的空格键）、夜间模式、时间流速及结束等。

2. 左侧选项

左侧选项包括观察地的位置（经度、纬度和海拔高度）、日期与时间、星空与显示（包括星空、标示、地景等）、搜索天体等。

Stellarium 软件使用示例

1. 查看每个月视太阳后方的星座

三千多年前，古巴比伦人发现了位于黄道附近、与人们生日相关的十二星座。每个人的所属星座是其生日当天视太阳后方的星座，不仅在白天和夜晚都无法被看到，而且每个月都在改变。下面我们来介绍如何使用 Stellarium 软件来查看每个月视太阳后方的星座，操作过程如下。

1. 设定时间。将每天的观测时间都设置为 20 时 15 分。

2. 锁定太阳。双击鼠标左键，将太阳固定在屏幕中央。一般来说，天黑以后才能看到星，然而那时太阳已完全落入地平线以下，但是在 Stellarium 软件中可以选择隐藏地平线。

3. 标示黄道。点击"星空及显示"按钮，选择"标示"选项下的"黄道"选项。

4. 查看结果。点击"星座连线"及"星座标签"按钮，这时就可以沿着黄道查看每个月视太阳后方的星座了。

观测结果如表 3.1 所示。

表 3.1　每个月视太阳后方的星座观测结果

时间	星座	时间	星座
3 月 21 日起	双鱼座	4 月 21 日起	白羊座
5 月 22 日起	金牛座	6 月 22 日起	双子座
7 月 24 日起	巨蟹座	8 月 24 日起	狮子座
9 月 24 日起	处女座（前段）	10 月 24 日起	处女座（后段）
11 月 23 日起	天秤座、天蝎座	12 月 23 日起	射手座
1 月 21 日起	摩羯座	2 月 20 日起	水瓶座

　　因为地球的公转周期为一年，所以视太阳每年都会轮流移动到这十二星座的前面。由于岁差的存在，十二星座与当初对应的月份已经错开了一个星座的位置。例如，原本 6 月 22 日—7 月 23 日视太阳后方的星座是巨蟹座，如今已变成了双子座，如图 3.18 所示。读者可以根据自己的星座，自行在 Stellarium 软件中查看由岁差导致的星座移位现象。

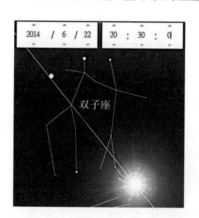

图 3.18　6 月 22 日视太阳后方的星座是双子座

　　另外，在 Stellarium 软件中，还可以看到春分点位于双鱼座附近，夏至点位于双子座附近，秋分点位于处女座附近，冬至点位于射手座附近，如图 3.19（a）—3.19（d）所示。

（a）春分点所在位置　　（b）夏至点所在位置　　（c）秋分点所在位置　　（d）冬至点所在位置

图 3.19　春分点、夏至点、秋分点和冬至点所在位置

2. 通过落日位置寻找黄道

例如，观测 2013 年 5 月—8 月的星空，在每个月第一天 19 时 15 分记录落日的位置，会发现落日附近的星座分别为金牛座、双子座、巨蟹座和狮子座，并且能看到部分行星，如图 3.20 和图 3.21 所示。

（a）5 月 1 日落日附近的星座　　　　　　（b）6 月 1 日落日附近的星座

图 3.20　5 月 1 日和 6 月 1 日落日附近的星座

 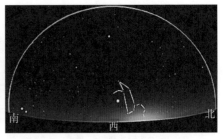

（c）7 月 1 日落日附近的星座　　　　　　（d）8 月 1 日落日附近的星座

图 3.21　7 月 1 日和 8 月 1 日落日附近的星座

3. 双星伴月

2008 年 12 月 1 日傍晚，在西南方向的天空可以看到金星、木星和

月球出现在同一片区域。当晚这 3 颗空中最明亮的星相互争辉,构成了一幅笑脸图,仿佛天空在微笑。如果仔细观察可以发现,位于左上方的金星较亮,而位于右上方的木星则较暗,如图 3.22 所示。

图 3.22　双星伴月照片

下面我们使用 Stellarium 软件来回顾双星伴月现象形成的全过程。首先将时间设定为 2008 年 12 月 1 日 18 时 30 分,然后将月亮放大,并选择在画面中显示黄道。当西南方向的天空出现双星伴月现象后,查看 3 颗星的相关数据(画面左上方),如表 3.2 所示。

表 3.2　2008 年 12 月 1 日 18 时 30 分金星、木星、月亮相关数据

行星	视星等	绝对星等	赤经	赤纬	方位角	仰角	到地球的距离
金星	−4.05	27.51	19h37m	−23°	231°	18°	1.0056AU
木星	−1.58	26.17	19h35m	−21°	233°	19°	5.8063AU
月球	−8.51	35.90	19h24m	−24°	233°	16°	0.0026AU

对于"双星伴月现象,笑意满天"这一现象,大家提出了许多问题,具体如下。

问题 1:视星等有什么特别的意义?

解答：对于视星等在 6 以下的星，我们可以通过肉眼或双筒望远镜看到，还可以用 Stellarium 软件代替天文望远镜去观测。具体方法是先将观测目标锁定在屏幕中央，然后用鼠标滚轮将观测目标放大。在画面中可以看到如弦月般的金星、木星大红斑及其卫星，如图 3.23 所示。

（a）木星　　　　　　　　　（b）金星

图 3.23　通过 Stellarium 软件观测行星

问题 2：行星到地球的距离有什么特别的意义？

解答：出现双星伴月现象时，3 颗星与地球之间的距离相差很大（金星为 1.0056AU、木星为 5.8063AU、月球为 0.0026AU，1AU ＝ 149600000 千米）。但是从地球上看 3 颗星仿佛位于同一个平面中。

问题 3：双星伴月现象是怎样形成的？

解答：金星和木星是太阳系的行星，而月亮是地球的卫星，3 颗星有各自的运行轨道及周期。2008 年 12 月 1 日，这 3 颗星恰巧运行到了地球的同一面，并且从地球上看，它们构成了一个笑脸图案。这一点可以从两个方面研究。

（一）通过地平网络研究

在 Stellarium 软件中点击"地平网络"按钮，查看双星伴月现象发生之前，每天 18 时 30 分木星、金星和月亮在空中的位置，如图 3.24 所示。

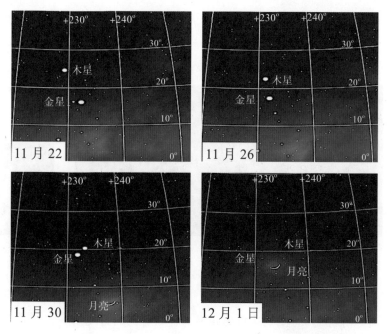

图 3.24　双星伴月现象发生之前，每天 18 时 30 分木星、金星和月亮在空中的位置

从图 3.24 可以看出，自 2008 年 11 月 22 日起，木星和金星逐渐接近，而月亮是在 11 月 30 日出现的，最终在 12 月 1 日出现了双星伴月现象。

（二）通过赤道坐标研究

在 Stellarium 软件中，先设置显示黄道、天球赤道、赤道坐标并隐藏地平线，再观察 2008 年 12 月 1 日傍晚木星、金星和月亮在天球上的位置，如图 3.25 和 3.26 所示。

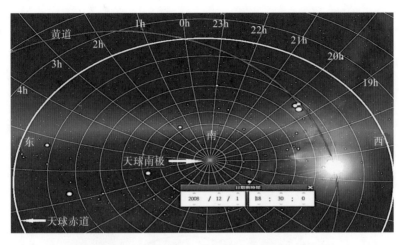

图 3.25　出现双星伴月现象时 3 颗星所在的赤经

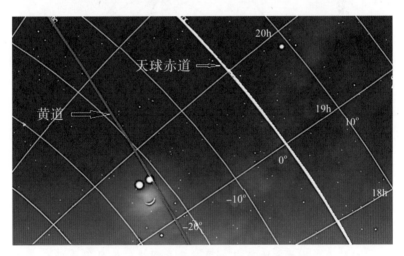

图 3.26　出现双星伴月现象时 3 颗星所在的赤纬

　　从图 3.25 和 3.26 中可以看出，木星、金星和月亮在赤经和赤纬接近的时候就会出现双星伴月现象。无论各行星到地球的距离是多少，看起来都位于同一个球面上，这个球面就是所谓的天球。下面我们来复习一下天球上各参数的含义，如图 3.27 所示。

天球赤道：地球赤道在天球上的投影（将天球分为北、南两个半球）。

天球极轴：地球地轴的延长线与天球的交点有两个，分别为天球北极和天球南极，二者之间的连线即为天球极轴。

赤经：以春分点为起点，沿着天球赤道向东到天体时圈与天球赤道的交点所夹的角度。

赤纬：从天球赤道沿着天体时圈至天体的角度。

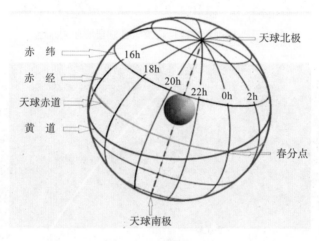

图 3.27　天球上的参数

问题 4：世上各地可以在同一天看到双星伴月现象吗？

解答：使用 Stellarium 软件来检测结果，具体过程如下。

【情况】

已知 2008 年 12 月 1 日，我国台湾地区在傍晚时可以在落日上方看到双星伴月现象。

【出现双星伴月现象的原因】

出现双星伴月现象时，木星、金星和月亮三者所在的赤经和赤纬几乎相同。根据常识可以推断，地球上经度不同的地区，看到这一现象的时间不同；地球上纬度不同的地区，看到的三者的相对位置不同。

【设计实验】

1. 纬度相同、经度不同的地区（以北回归线附近的地区为例）

首先在地图上找到与我国台湾地区纬度相同、经度不同的地区，然后使用 Stellarium 软件查看各地区 2008 年 12 月 1 日傍晚落日上方的情况。经查找后发现，世界各地均出现了双星伴月现象，如图 3.28（a）—图 3.28（f）所示。

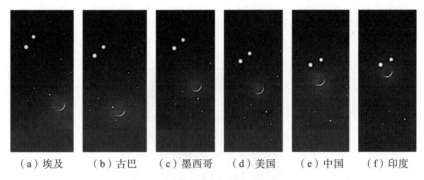

（a）埃及　　（b）古巴　　（c）墨西哥　　（d）美国　　（e）中国　　（f）印度

图 3.28　纬度相同、经度不同的地区看到的双星伴月现象

图 3.28 中各地出现双星伴月现象的时间如表 3.3 所示。

表 3.3　各地出现双星伴月现象的时间

埃及	古巴	墨西哥	美国	中国	印度
0 时	3 时	9 时	13 时	19 时	22 时

【科学解释】

由于双星伴月现象发生在三维的宇宙空间，所以需使用地球仪来进行分析。12月1日北半球正值冬季，并且20天后就是冬至日，那么太阳、双星伴月（作为整体）和地球仪三者之间的相对位置该如何安排呢？下面我们通过一个实验来说明。

将地球仪固定好，用灯光表示太阳光，照射在地球仪上，如图3.29所示。可以看出，此时地球仪的地轴北端远离太阳，而地轴南端靠近太阳，即当前南半球受光面积较大，符合冬至日的客观情况。地球仪上插着的白色铁棒位于北回归线上，代表图3.28中的某个地区（地球不停地自转，当铁杆代表的地区位于地球仪上的明暗分界处时，该地区正值傍晚时分）。由于地球的自转方向不变，所得可以得到表3.3所示的结果。

3.29　固定地球仪

2008年12月1日傍晚，北回归线附近的地区都可以在落日上方看到双星伴月现象，但是三者之间的距离略有不同，也就是"笑脸"的长短不同。这是由于0时—22时经过的时间接近一整天，木星和金星在空中的位置变化不大，但是月亮在空中逐渐东移，所以"笑脸"

也在逐渐变短。

2. 经度相同、纬度不同的地区（以东经120度附近的地区为例）

首先在地图上找到与我国台湾地区（东经120度）经度相同、纬度不同的地区，然后使用Stellarium软件查看各地区2008年12月1日傍晚落日上方的情况。经查找后发现，各地均出现了双星伴月现象，如图3.30（a）—图3.30（c）所示。

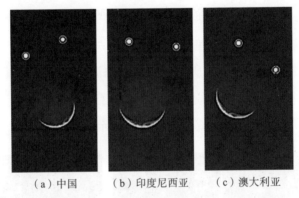

（a）中国　　（b）印度尼西亚　　（c）澳大利亚

图3.30　纬度相同、经度不同的地区看到的双星伴月现象

经度相同、纬度不同的地区看到的"笑脸"的角度是不同的。这是由于当天是农历初四，月亮呈新月形。在北半球看月亮，新月向右侧倾斜；在南半球看月球，新月向左侧倾斜。

在我国台湾地区，次日（2008年12月2日）傍晚仍会出现双星伴月现象，但是月亮已经移动至木星和金星的上方，如图3.31所示。这时若将拍摄的照片倒过来看，就变成了一个"哭脸"。

图 3.31　2008 年 12 月 2 日在台湾地区看到的双星伴月照片

　　仅在一天之内，"笑脸"就变成了"哭脸"，那么其他地区又会出现怎样的情况呢？位于南美洲的智利的"笑脸"也在一天之后变成了"哭脸"，如图 3.32（a）所示，而位于非洲的刚果共和国的"长笑脸"在一天之后也发生了巨大的转变，变成了一个配有两个"酒窝"和上扬的"嘴角"的笑脸，如图 3.32（b）所示。

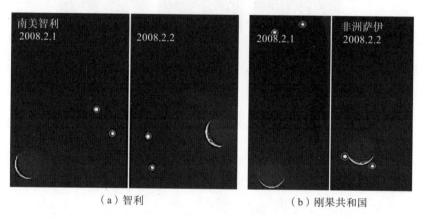

（a）智利　　　　　　　　　　（b）刚果共和国

图 3.32　世界各地当日观测到的双星伴月现象与一天之后的变化

　　可以使用天球仪对上述现象做进一步研究，这样可以直观地看出空间位置和时间对该现象的影响，例如：

　　1. 首先在 Stellarium 软件中查看位于 3 颗星后方的星座，然后将双星伴月现象画在天球仪上。经过查找发现，双星伴月现象出现在射手座的南斗六星之北、黄道之南，如图 3.33 所示。

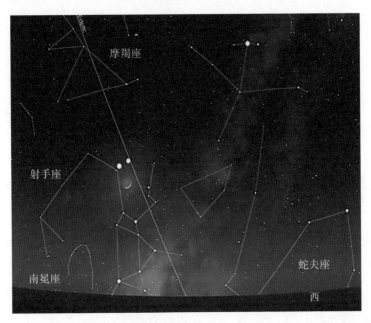

图 3.33　双星伴月现象出现的位置

2. 接着将天球仪调整至北回归线附近的地区所看到的角度，并在天球仪的黄道上将 12 月 1 日视太阳的位置标示出来，以便后续调整地球上当天观测点傍晚的相对位置。

3. 依照前文内容，转动天球仪的地轴，依次查看埃及、古巴、墨西哥、美国、中国、印度傍晚是否可以看到双星伴月现象，以及当地出现双星伴月现象时中国台湾地区的时间，最后使用 Stellarium 软件验证观测结果。

小结

本节包含大量实验内容，希望能帮助读者尽快熟悉 Stellarium 软件的使用方法。如果想灵活使用 Stellarium 软件，还需多加练习。

使用软件来研究天文学的问题能提高研究工作的灵活性，可探讨的问题范围也随之扩大。天文学的研究与其他领域相同，都要经历探索、解释、交流和反思等过程。例如，双星伴月现象的研究过程相对复杂，从设定实验条件到分析结果，需要花费一定的时间。

将中国作为起点，按照地球自转方向，依次观察印度、埃及、古巴、墨西哥和美国看到的双星伴月现象的图案，发现笑脸竟然有长短之分，而且毫无规律可循，甚至无法解释其原因。之后引入了天球仪，先在天球仪上标示出太阳、木星、金星和月亮的位置，然后分别查看中国、印度等地出现双星伴月现象时各星的相对位置。最终发现，即便选择了不同的观测地，但 Stellarium 软件始终以中国的时间来标示各观测地的时间。如此一来，只有将埃及作为起点，依次向东观测，双星伴月现象形成的笑脸才会逐渐由长变短，再结合地球的自转方向、不同月相的成因、每天月亮在空中的位置变化和当时各星的相对位置，就可以发现其中的奥秘。

我在新竹教育大学数理研究所的科学教学模式课程和桃、竹、苗国中小教师研习课程中，都曾与学生研究过这个问题，并与学生进行了深入讨论。在这个过程中，我深深地体会到科学研究过程中的监督、调整和控制等都是需要不断改进的，并且要与生活经验相结合。

第四章

中国古代对星空的划分

由于文化存在差异，中西方对宇宙有各自的见解，因此对星座的划分及对星座的理解也不相同。时至今日，中国人对星座的了解大多基于古希腊神话，而对中国古代天文学研究成果却十分陌生。本节我们将讲解中国古代是如何划分星空的。

　　中国古代天文学将星空划分为三垣、四象、二十八星宿（详见司马迁著作《史记·天官书》）。人们将发生在人间，尤其是宫廷中的各种事情投射到天象上，再根据天象对人间发生的事情进行解释。古人经过大量的观察、假设、分类、推论等，制作了中国古星图。令人惊讶的是，中国古星图可以与国际通用的星图媲美，这足以证明中国古代天文学在对星空的观察和记录方面为世界天文学作出了伟大的贡献。中国文化中敬天的传统以及《易经》中的哲学基础都认为天象预示着人间祸福。这种天文思想展现了中国古代探索宇宙的文化背景。

　　北京古观象台保存了大量中国古代天文学研究成果，其中包括四象图，如图4.1所示。另外，在中国古观象台展厅中，有一面墙上完整地展示了中国古代天文图，图中记录了宋代对于太极、天体、赤道、黄道、二十四节气、十二分野等的研究，如图4.2所示。

图 4.1　北京古观象台的四象图

图 4.2　中国古观象台展厅中的中国古代天文图

第一节
中国星宿

观星经验较少的人对满天星斗可能存在各种困惑，困惑之一就是星座中的各星名称的来源。我们知道，星座的名称来源于古希腊神话，而星座中各星的名称则是由中国天文学会（成立于1922年）天文名词审定委员会设定的。这些名称都源于中国古代天文学中的天象知识。我几年前在苏州旅游时，曾看到一条印有北宋元丰年间苏州石刻天文图的丝巾。乍看之下，它很像一个星座盘，但是其上印刷的图案要比星座盘更加清晰。我后来将这条丝巾与星座盘进行了比对，只找到了北斗七星、天球赤道和黄道。除此之外，这条丝巾上还印有三垣、二十八星宿、十二分野等内容，这些内容对于大多数人来说都十分陌生。

为了研究上述不熟悉的内容，我查找了由计算机软件绘制的中国古代天文图，从图中可以看出各星的视星等大小。后来我将中国古代天文图与星座盘叠加在一起进行对比，发现了著名的区域和多颗星，如狮子座轩辕星、天蝎座蝎尾、猎户座参星，夏季大三角、冬季六角形等，并由此了解了三垣、二十八星宿的具体含义，原来它们是同一片星空的不同名称。例如，北斗七星、三台、文昌星都位于根据古希腊神话命名的大熊座中，如图4.3所示。

（a）中国人对星空的命名方式　　（b）西方人对星空的命名方式

图4.3　中西方对同一片星空不同的命名方式

三垣

　　"三垣"中"垣"原意为城墙,三垣各有如城墙般环绕的东、西两藩星。三垣即紫微垣、太微垣和天市垣,分别象征皇宫、政府和市集。三垣围绕北极星呈三角形排列,如图4.4所示。在三垣的周围环绕着四象,分别为东方青龙、北方玄武、西方白虎、南方朱雀,并且每象有七宿。

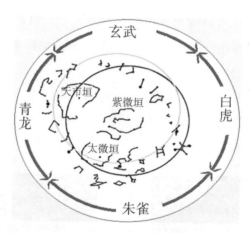

图4.4　三垣、四象所在位置

紫微垣

　　紫微垣由15颗恒星组成,以北极为中心,是天帝居住的地方。《干象通鉴·后篇》中有这样的描述:"天帝内朝寝位、朝夕临御之所。"其中的勾陈一就是指北极星,如图4.5所示。

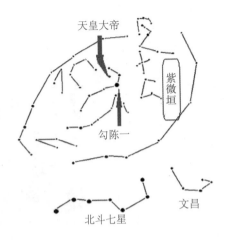

图 4.5　勾陈一在紫微垣中的位置

　　紫微垣的天区大致相当于小熊座、大熊座、天龙座、猎犬座、牧夫座、武仙座、仙王座、仙后座、英仙座、鹿豹座等星座所在区域。

　　由于地轴指向天球北极，并且地球不停地绕地轴自转，所以每天北极星附近的星看似都围绕着北极星东升西落，但北极星看似始终不动。

　　紫微垣的南门外就是北斗七星，象征天帝出游时乘坐的帝车。北斗七星由天枢、天璇、天玑、天权、玉衡、开阳、摇光 7 颗星组成，北斗七星围绕着北极星旋转。其中，天枢、天璇、天玑、天权 4 颗星组成勺口；玉衡、开阳、摇光 3 颗星组成勺柄。

　　北极星和北斗七星（天权除外）都是二等星，比较明亮，很容易被找到。古时中原地区一年四季都可以看到它们，因此它们成了中国古人夜观天象时的指针，古人常根据它们来寻找其他星，如图 4.6（a）所示。《史记·天官书》中有这样的描述："北斗七星，在璇玑玉衡，以齐七政。杓携龙角，衡殷南斗，魁枕参首。"另外，《史记·天官书》中还有这样的描述："运行中央，临制四乡，分阴阳、建四时、均五行、移节度、定诸纪、皆系于斗。"由此可见,古人将北斗七星视为被百官围绕的帝车,如图 4.6(b)所示。

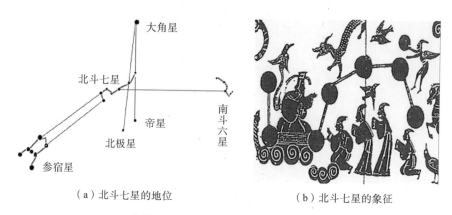

（a）北斗七星的地位　　　　　　　　（b）北斗七星的象征

图 4.6　北斗七星的地位及象征

中国古人常将北斗七星视为计时器,其每旋转 30 度就过了一个时辰,每旋转 360 度即过了十二时辰。

太微垣

太微垣位于北斗七星之南,以五帝座为中心,如图 4.7 所示。

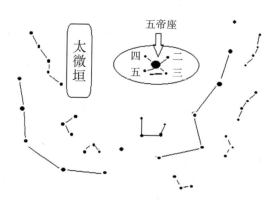

图 4.7　太微垣所在位置

《乾象通鉴·后篇》中有这样的描述："天帝外朝之位，为明堂，日一临之。"《晋书·天文志》将太微垣视为天子的宫廷、天帝的御座、诸侯的府第，而位于外侧的藩星则为九卿。天帝会在中央的五帝座之间移动，象征在不同的大殿办理朝政。太微垣的天区大致相当于处女座、后发座、狮子座等星座所在区域。

古人认为天上有六大神兽，除了四象外，还有腾蛇和勾陈，并且认为白虎属金、青龙属木、玄武属水、朱雀属火、腾蛇属土。

"轩辕"是中国古代帝王黄帝的名字。黄帝是中华民族的始祖。轩辕星由17颗星组成，形如一条蜿蜒于天际之上的飞龙，如图4.8所示。

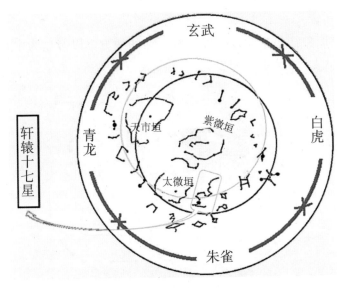

图4.8　轩辕十七星所在位置

在轩辕十七星中，有一半组成了狮子座的前半身，位于狮子座胸部的轩辕十四是一颗一等星，而位于狮子座尾部的星则为五帝座一，如图4.9（a）和图4.9（b）所示。

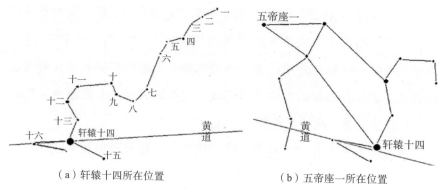

（a）轩辕十四所在位置　　　　（b）五帝座一所在位置

图 4.9　轩辕十四及五帝座一所在位置

天市垣

天市垣象征集市，是平民百姓生活的地方，以帝座为中心，如图
4.10 所示。

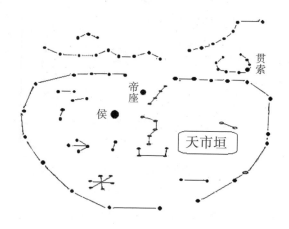

图 4.10　天市垣所在位置

《干象通鉴·后篇》中有这样的描述："天帝市朝之位，岁一临之。"
另外，《晋书·天文志》中有这样的描述："天子率诸侯幸都市也。"天
市垣中的星多以货物、器具命名，但组成屏藩的星则以各方诸侯的所

在国名称命名。

　　天市垣的天区大致相当于蛇夫座、武仙座、巨蛇座、天鹰座等星座所在区域。

二十八星宿与四象

二十八星宿所在位置

　　在三垣的外围分布着四象，每象都由七个星宿组成，四象共有二十八星宿，它们位于黄道与天球赤道之间，围成一个圆圈。"廿八宿"一词最早出现在《周礼》中，而《史记·律书》对其进行了完整的描述。

　　我们知道，与生日相关的十二星座与二十八星宿一样，都位于黄道附近，那么它们之间有着怎样的关联？如果在星座盘的南天（黑色的圆圈表示天球赤道，红色的圆圈表示黄道）先将这十二星座用绿色的笔描出来，再将二十八星宿的位置用橙色的笔描出来，就可以发现，这十二星座与二十八星宿的重合度很高，如图 4.11 所示。可见中西方虽然有着不同的文化背景，在划分星座与星宿时也有着不同的标准，但是总会有相似的地方，毕竟星的位置和数量很难改变。

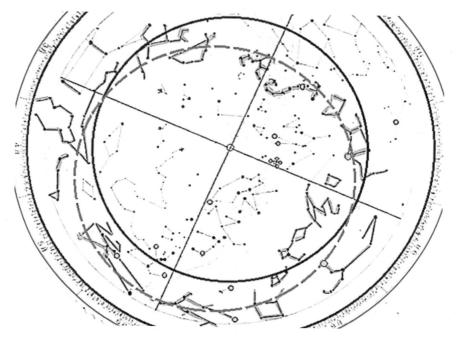

图 4.11　黄道附近的十二星座与二十八星宿所在位置

我们只能通过测量得出太阳与众星的方位和仰角，却看不出它们到地球的距离。我们知道，黄道是视太阳的移动轨迹，那什么是白道呢？

所谓白道是指月球围绕地球旋转的轨道，周期为 27.3 天。白道与黄道所在平面约呈 5 度夹角。不难发现，在地球上看月亮，每天其附近的星空都是不同的。中国古人将白道分为 28 段，亦即月亮每隔 28 天左右会移动至同一个星宿中。可以用 Stellarium 软件查看月亮是否轮流在二十八星宿之间移动，也可以凭肉眼直接观测。例如，2013 年 6 月 14 日月亮位于星宿附近，2013 年 6 月 15 日月球位于张宿附近，如图 4.12 所示。

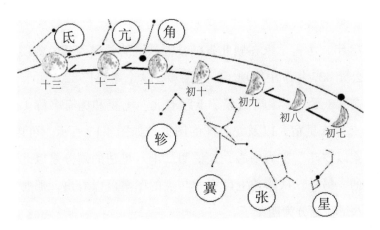

图 4.12　2013 年 6 月 14 日—20 日月亮所在位置

　　每月视太阳后方的星座都会改变，每天月亮后方的星宿也会改变，由中西方分别划分的二十八星宿与十二星座都位于黄道和天球赤道这两个圆圈附近。

　　对人类而言，太阳和月亮是天空中最重要的两颗星，中国古人用丰富的想象力为它们赋予了各种美好的形象。例如，太阳神每月都要住在不同的宫殿，月神每天都要住在不同的行宫。虽然中西方对宇宙的见解不同，但是都用自己的想象力为宇宙赋予了各种色彩。在学习天文学的过程中，经常可以发现许多巧合，既令人莞尔，也发人深省。如果我们用感性的思维去看待宇宙，除了收获知识，还能收获许多美丽的发现。

考古学对二十八星宿的发现

　　二十八星宿在历法上象征着朔望月和四季轮回，而在占星学上则显得十分神秘。考古学家曾在很多遗迹中找到了古人信奉与崇拜二十八星宿的证据。

1. 曾侯乙墓中的漆箱

1978年，考古学家在湖北省随县擂鼓墩的曾侯乙墓（曾侯乙大约下葬于公元433年）中发现了一个漆箱，这个漆箱长82.8厘米、宽47厘米、高9.8厘米。漆箱的盖子上印有北斗七星和标有名称（篆文字体）的二十八星宿，以及龙、虎的图案，如图4.13所示。可以看出，所有图案以"斗"字为中心，这说明二十八星宿的划分是以北斗七星为依据的。另外，从漆盖上印有龙与虎的图案可以看出，那时人们已将二十八星宿划分为四象了。

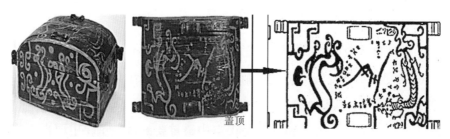

图 4.13　曾侯乙墓中的漆箱

上述发现足以证明二十八星宿与四象自古就受到了人们的信奉与崇拜，并流传至今。

2. 濮阳墓穴

1987年，考古学家在河南省濮阳市发现一处公元前4500年左右的仰韶文化聚落遗址。其中一座土坑墓的墓主遗骸两旁有许多蚌壳，并组成了青龙与白虎图案，据此可推断，死者希望死后可以受到龙与虎的保护，如图4.14所示。这表明中国在数千年前就形成了二十八星宿与四象的体系。

图 4.14　土坑墓内景

四象所在方位与图腾

1. 四象所在方位

二十八星宿可以分为四个区域，即四象，每象由七宿组成。四象对应着东、西、南、北四个方位，并且以各方位百姓崇拜的图腾命名。

古代很多文献中有对四象方位的记载。《礼记·曲礼》中有这样的描述："前朱雀而后玄武，左青龙而右白虎。"《正义》中有这样的描述："此明军行象天文而作阵法也。前南后北，左东右西，朱鸟、玄武、青龙、白虎，四方宿名也。"另外，不少文献也对四象的形象进行了刻画。《礼记·曲礼》中有这样的描述："玄武龟也，龟有甲，能御侮用也。如鸟之翔，如龟蛇之毒，龙腾虎奋，无能敌此四物。"《正义》中有这样的描述："画此四兽方旌旗，以标左右前后之军阵也。"

如果要将四象对应的位置找到，需要将传统的四象图置于头顶，画面朝下，面对南方去看，这样就能看到所谓的"前朱雀而后玄武，左青龙而右白虎"了，如图 4.15 所示。

图 4.15 寻找四象对应的位置

2. 四象的图腾

考古学家曾在西安市的西汉建筑遗址中发现了 4 块圆盘状的屋檐瓦当，每块直径约为 20 厘米，瓦当上雕刻的图腾就是青龙、白虎、朱雀和玄武，如图 4.16 所示。

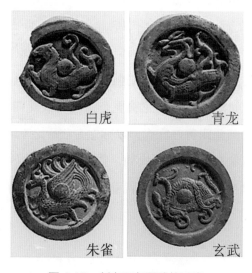

图 4.16 刻有四象图腾的瓦当

中国现代天文学家陈遵妫在《中国天文学史·天象编》中对这四块瓦当的样子进行了描述，具体如下。

四神瓦当，塑造昂首修尾的青龙、衔珠傲立的朱雀、张牙舞爪的白虎和蛇龟相缠的玄武，都是布局匀称、造型生动、线条简洁，富有装饰趣味的古代艺术精品。

四象、二十八星宿与星座的关系

我们知道，四象是由二十八星宿划分而来的，对应着四个方位。四象围绕在三垣周围，在地球上看，月亮会轮流经过二十八星宿，并且所按照的是二十八星宿依次东升西落的顺序。下面我们根据月球进入各宿的顺序，分别对二十八星宿及其所属之象进行介绍，包括它们的位置与图形等。

1. 东方青龙

东方青龙形如一条腾飞的巨龙，由七宿组成，分别为角宿、亢宿、氐宿、房宿、心宿、尾宿和箕宿。如果加上七宿附近的星，青龙由三百多颗星组成，如图4.17所示。

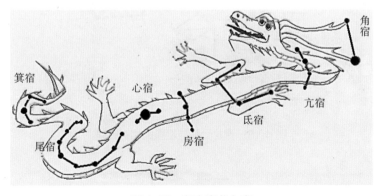

图 4.17　东方青龙七宿

角宿位于龙角处，由两颗星组成。其中，角宿一位于处女座中，为一等星。

亢宿位于龙颈处，由4颗星组成。其中，"亢"是"肮"的通假字，本意为脖颈。亢宿四星全部位于处女座中。

氐宿位于龙胸处，由4颗星组成。其中，"氐"为"骶"的通假字，本意为骨架。氐宿四星全部位于天秤座中。

房宿位于龙腹处，由4颗星组成。由于古人将龙视为天马，故房宿又名天驷。房宿四星全部位于天蝎座中。

心宿位于龙心处，由3颗星组成。心宿三星全部位于天蝎座中，最亮的星为心宿二，是1颗一等星。

尾宿位于龙尾处，由9颗星组成，位于天蝎座与蛇夫座中。

箕宿也位于龙尾处，由4颗星组成，位于射手座、蛇夫座与天坛座中。

青龙七宿与星座的相对位置如图4.18所示。

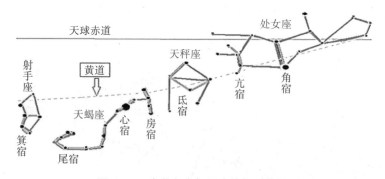

图4.18　青龙七宿与星座的相对位置

2. 北方玄武

北方玄武形如一只被蛇缠绕的龟，由七宿组成，分别为斗宿、牛宿、女宿、虚宿、危宿、室宿和壁宿。如果加上七宿附近的星，玄武由八百多颗星组成，如图4.19所示。

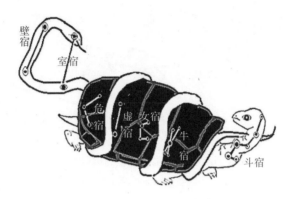

图 4.19　北方玄武七宿

　　斗宿由 6 颗星组成，全部位于射手座中。

　　牛宿由 6 颗星组成，形如牵牛鼻的绳子，全部位于摩羯座中。

　　女宿由 4 颗星组成，形如一只箕，全部位于水瓶座中。

　　虚宿由两颗星组成，位于水瓶座与小马座中。

　　危宿由 3 颗星组成，位于水瓶座与飞马座中。危字源于危族，而危族以龟为图腾，居于山东中北部。

　　室宿由两颗星组成，全部位于飞马座中，是秋季四边形中位于西侧的两颗星。

　　壁宿由两颗星组成，位于飞马座与仙女座中，是秋季四边形中位于东侧的两颗星。因其位于室宿的东边，很像室宿的墙壁，故又称东壁。《尔雅》中有这样的描述："室壁二宿，四方似口。"

玄武七宿与星座的相对位置如图4.20所示。

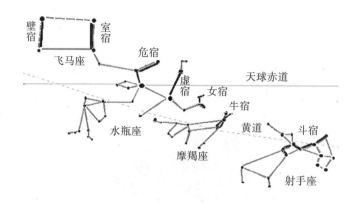

图 4.20　玄武七宿与星座的相对位置

3. 西方白虎

西方白虎形如一只头朝南、尾朝北的猛虎，由七宿组成，分别为奎宿、娄宿、胃宿、昴宿、毕宿、觜宿、参宿。如果加上七宿附近的星，白虎由七百多颗星组成，如图 4.21 所示。

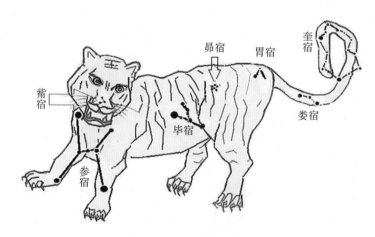

图 4.21　西方白虎七宿

奎宿位于虎尾处，由 16 颗星组成，位于仙女座与双鱼座中。奎宿的名称与西羌邾人有关，占星家将其视为一个兵营。

娄宿由 3 颗星组成，全部位于白羊座中。"娄"字与西羌之后的娄人有关，其本意为收集物品的仓库。

胃宿由 3 颗星组成，全部位于白羊座中。《天官书》中有这样的描述："胃者天库。"所谓天库就是存储粮食的地方。

昴宿由 6 颗星组成，又称七姐妹，是一个疏散星团，全部位于金牛座中。"昴"字与西南少数民族的分支之一——髳人有关，髳人将昴星视为族星。

毕宿由 8 颗星组成，全部位于金牛座中，其中，毕宿五为一等星。"毕"字源于魏王毕氏，魏王定都于大梁城。

觜宿由 3 颗星组成，全部位于猎户座中。

参宿由 7 颗星组成，全部位于猎户座中。

白虎七宿与星座的相对位置如图 4.22 所示。

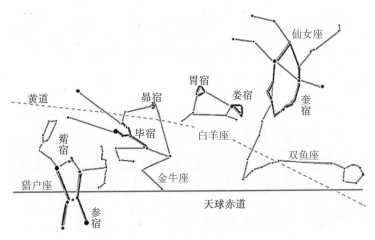

图 4.22 白虎七宿与星座的相对位置

4. 南方朱雀

南方朱雀形如一只头朝西、尾朝东的凤凰，由七宿组成，分别为井宿、鬼宿、柳宿、星宿、张宿、翼宿、轸宿。如果加上七宿附近的星，朱雀由五百多颗星星组成，如图 4.23 所示。

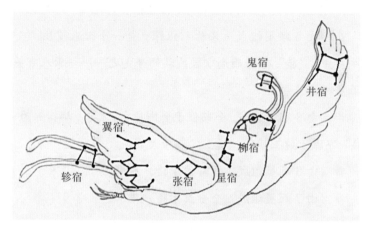

图 4.23　南方朱雀七宿

　　井宿由 8 颗星组成，形如"井"字，代表天井，全部位于双子座中。根据《中原古国源流史》中的记载，帮助周武王灭掉商纣王的姜太公建立了井国，井国人伯益发明了造井的方法。

　　鬼宿位于朱雀的头部，由 4 颗星组成，全部位于巨蟹座中。"鬼"字源于鬼方民族，为秦雍之地。

　　柳宿位于朱雀的嘴部，由 8 颗星组成，形如垂柳，全部位于长蛇座中。"柳"字为"六"字的谐音字。相传六国是在皋陶之后建立的，柳宿为六国在天上对应的星宿。

　　星宿位于朱雀的咽喉处和心脏处，由 7 颗星组成，全部位于长蛇座中。

　　张宿位于朱雀的嗉囊处，由 6 颗星组成，全部位于长蛇座中。

张宿的名称源于张姓之人及其居地，其祖先发明了制造弓箭的技术，周襄王廿二年，齐师逐郑太子，奔张城。

翼宿位于朱雀的尾部，由22颗星组成，大部分位于巨爵座中。《晋书·天文志》中有这样的描述："翼……天之乐府……。"

轸宿也位于朱雀的尾部，由4颗星组成，大部分位于乌鸦座中。"轸"字原意为车，故又名天车星。

朱雀七宿与星座的相对位置如图4.24所示。

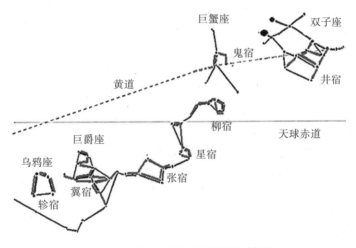

图4.24　朱雀七宿与星座的相对位置

西方人将全天分为88个星座，而中国古天文学图将全天分为283个星官。为了方便记忆，古人编写了《丹元子步天歌》，简称《步天歌》，其中描绘了三国时期制定的283个星官和1464颗恒星，并且按照紫微垣、太微垣、天市垣以及二十八星宿，将全天划分为31个大区。《丹元子步天歌》中的每句话都由七个字组成，读起来朗朗上口，有兴趣的读者可以自行研究。

二十八星宿之外的天上战场

　　中国古代帝王大多自认受命于天，认为天象变化与自己的帝位息息相关。所以在空中，天帝坐镇中央，三垣、二十八星宿围绕着天帝，最外围还有天上战场。由此可见，中国天象学是建立在哲学、历史和文化等领域之上的体系。在二十八星宿之外，有三个天上战场，分别为位于玄武七宿外侧的北方战场、位于白虎七宿外侧的西北战场和位于朱雀、青龙外侧的南方战场，如图 4.25 所示。

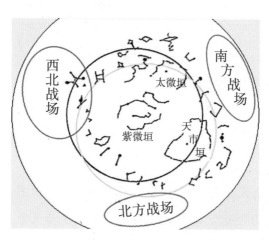

图 4.25　二十八星宿之外的天上战场

　　应皇室需求，人们除了在西方白虎中设有娄宿、胃宿两个仓库外，还设置了天帝的皇家农场——皇家园苑，由二等星土司空掌管。其中，天仓和天囷存储粮食，天苑收管牲畜，天园中种植着专供皇家食用的水果和蔬菜。此外，皇家园苑也能为邻近战场供应需要的各种军事设备，如图 4.26 所示。

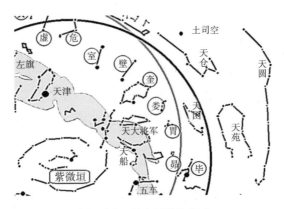

图 4.26　皇家园苑的组成

1. 南方战场

南方战场位于角宿、亢宿和氐宿之南，如图 4.27 所示。南方战场的最高统帅是骑阵将军，他配有专门的骑官和战车，另有供士兵驻扎和存放战车的库楼。库楼的最南方有大门，库楼外面的轸宿是先锋，也是冲锋的轻型战车，而"青丘"是南蛮的国号，正是南方战场要防御的敌人。

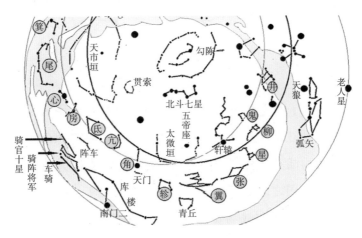

图 4.27　南方战场所在位置

2. 北方战场

北方战场位于北方玄武的外侧，如图 4.28 所示。北方战场有一个长条形的垒壁阵，阵外是护卫天帝的羽林军，另有天帝在驻军处的帐幔——天网和军营大门，也就是北落师门。羽林军由 45 颗星组成，每 3 颗星为一组，组成骑兵战斗队形，他们随时待命。北方战场要防御的敌人是匈奴和狗国人。另外，银河中的河鼓和左、右旗分别代表军鼓与军旗，这也是北方战场不可缺少的组成部分。

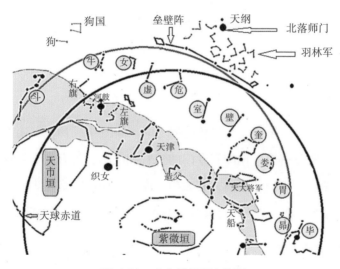

图 4.28　北方战场所在位置

3. 西北战场

西北战场位于西方白虎的内、外两侧，如图 4.29 所示。西北战场由天大将军统领驻军，兵营位于奎宿内，娄宿和胃宿为存储军事物资的库房，昴宿为胡狄之国，毕宿为华夏之国，二者以天街为界，在胡狄之国与华夏之国之北有五车星，代表冲锋的战车。另外，参宿外的天狼星代表胡将。西北战场要防御的敌人是胡狄之国的人。必要时，天帝可从紫微垣中派出大帅，由王良驾车，沿阁道直达奎宿，与天大将军共同出战，如图 4.30 所示。

图 4.29　西北战场所在位置

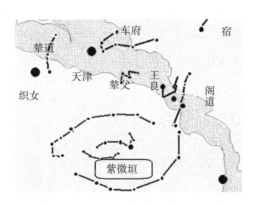

图 4.30　天帝从紫微垣中派出大帅

苏轼的《江城子》中有这样的描述："会挽雕弓如满月，西北望，射天狼。"《晋书·天文志》中有这样的描述："狼一星，在东井南，为野将，主侵掠。"

天文地理的分野

为了满足占星学的需求，古人从天文地理的角度对中国天象学体系进行分野，认为天上的星宿与地上的国家、地理位置有着密切的关系，在《晋书·天文志》中有"州郡躔次"之称。"分野"是指将二十八星宿分配给各国，从而用来占卜各国的吉凶。

战国中期的人测得岁星（木星）每十二年为一周天，因此将周天分为十二次，用于表示岁星每年的位置。公元前 430 年，班固在《汉书·律历志》中用十二次来对应二十八星宿，以星纪、星次的中心（牛宿）为岁首。岁星纪年法是十二次的来源，十二次亦可用来表示五星的位置，《汉书》也以十二次来记录太阳的移动轨迹和二十四节气。四象、星次、星宿及分野的关系如表 4.1 所示。

表 4.1　四象、星次、星宿及分野的关系

四象	十二星次	二十八星宿	分野	都城
东方青龙	寿星星次	角宿、亢宿	郑国	兖州
	大火星次	氐宿、房宿、心宿	宋国	豫州
	析木星次	尾宿、箕宿	燕国	幽州
北方玄武	星纪星次	斗宿、牛宿	吴国	扬州
	玄枵星次	女宿、虚宿、危宿	齐国	青州
	娵訾星次	室宿、壁宿	卫国	并州

四象	十二星次	二十八星宿	分野	都城
西方白虎	降娄星次	降娄星次	鲁国	徐州
	大梁星次	胃宿、昴宿、毕宿	赵国	冀州
	实沈星次	觜宿、参宿、伐星	晋国	益州
南方朱雀	鹑首星次	井宿、鬼宿	秦国	雍州
	鹑火星次	柳宿、星宿、张宿	周国	三河
	鹑尾星次	翼宿、轸宿	楚国	荆州

　　中国古代的天文研究机构由朝廷直接管辖，其中的主要工作者为天文官。正是由于他们认真地观察、记录、研究天象，设计天文仪器，中国古代天文学的创新与发展才得以促进。

　　然而，有些天文官将观察天象得出的结论，基于"天人相应"的思路，整理为所谓天文地理分野的体系。他们将天文学的研究权视为个人专属的天机解释权，即带着私人目的将天象变化与人间祸福进行关联，有很多事实可以证明这种理论体系是经不起验证的，也就是说，这种理论体系属于所谓的伪科学（参考第四章第二节）。作为一门科学，人们在研究天文学时需要经过观察、提问、推理、设计、验证等探索过程，才能得出结论。此外，得出的结论只有在正式发表，被人们广泛交流、反思后，才能体现出其价值。

中国星宿的天文功能

二十八星宿在提出的过程中借鉴了两个观象授时系统，一个是观测初昏时南中天的恒星，另一个是观测初昏时东升的恒星。北京古观象台中有一块写着"观象授时"的牌匾，如图 4.31 所示。观象授时是指可以通过二十八星宿推断太阳、月亮的位置，继而分别推算春、夏、秋、冬四个季节到来的时间。

图 4.31　北京古观象台中的牌匾

根据黄昏时中天的星宿区分四季

《尚书》中有专门记录尧帝时代故事的尧典篇，其中有这样的描述："乃命羲和，钦若昊天，历象日月星辰，敬授人时。"这段话的意思是命令羲氏与和氏对天道恭敬，并顺应天道，根据日月星辰的移动规律来制定历法，然后恭敬地将制定的历法颁布实施。另外，书中还有"日中""星鸟"等，是指根据昼夜长短相等、朱雀七宿出现在正南方向等特点来确定仲春时节是否到来，或许这就是最早的观象授时实例。

在尧帝时代，每天黄昏之后，人们都会根据鸟、火、虚、昴四颗恒星在天空中的位置来判断四季交替情况，由此调整工作与生活，如图 4.32 所示。

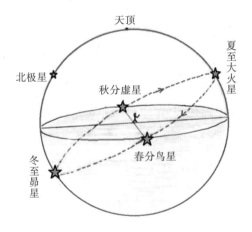

图 4.32　根据鸟、火、虚、昴四颗恒星在天空中的位置来判断四季交替情况

《尧典》中有如下描述：

日中星鸟，以殷仲春；日永星火，以正仲夏；宵中星虚，以殷仲秋；日短星昴，以正仲冬。

上述描述的解释如下：

春分时，日夜等长，名为"鸟"的恒星，即柳宿、星宿、张宿正好位于中天。

夏至时，白天最长，名为"火"的恒星，即大火星（心宿二）正好位于中天。

秋分时，日夜等长，名为"虚"的恒星正好位于中天。

冬至时，白天最短，名为"昴"的恒星正好位于中天。

通过查阅资料可知，当时（公元前 1860 年）春分点位于娄宿（白羊座）附近，夏至点位于轩辕（狮子座）星附近，秋分点位于亢宿（天蝎座）附近，冬至点位于虚宿（水瓶座）附近，对应的正是四季代表日视太阳后方的星座。若查看台湾版星图，则要将南天地平线提升10 度，因为古时中原地区的纬度约为北纬 35 度。为了便于读者理解，我特将上述段落描述的情景绘制了下来。当时中原地区各季节代表日落日后的天空如图 4.33—图 4.36 所示。读者可自行查看各季节视太阳的位置及当时位于中天的星宿。

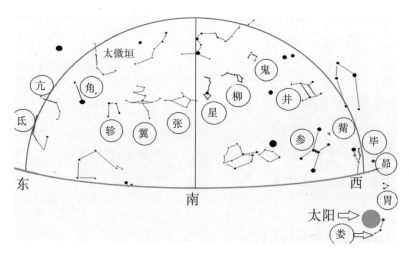

图 4.33　尧帝时代春分日落日后的天空

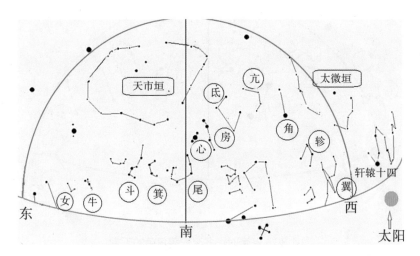

图 4.34　尧帝时代夏至日落日后的天空

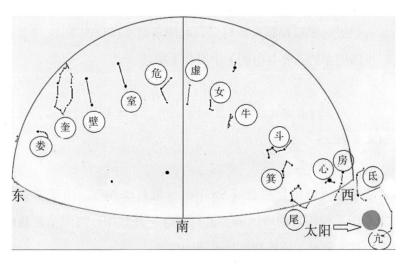

图 4.35　尧帝时代秋分日落日后的天空

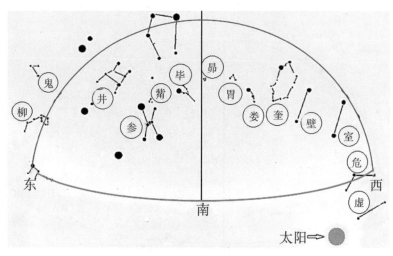

图 4.36　尧帝时代冬至日落日后的天空

根据黄昏东升的星宿来区分四季

因为地球始终围绕着太阳公转，所以天象也在随着季节的交替而变换，人们进而可以根据黄昏时分升起的星宿来区分四季。《日者观天录·二十四史中的天象与历法》中有如下描述：

冬末春初青龙现，春末夏初玄武升，夏末秋初白虎露，秋末冬初朱雀上。

上述现象可以用星座盘或 Stellarium 软件来检视。由于岁差的存在，现今四季代表日的时间需要进行修改，并且用台湾版星座盘的南天查看上述天象时，还要修改地平线的位置。

1. 冬末春初，青龙现

角宿位于东方青龙的龙角处。在春分日的傍晚，角宿一会从东方地平线上升起，如图 4.37 所示。

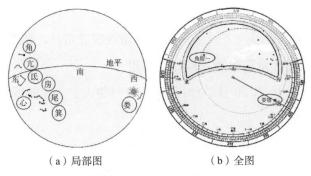

（a）局部图　　　　　　　　　（b）全图

图 4.37　春分日傍晚的天空

古时春分点位于娄宿附近，即白羊座附近。由于岁差的存在，如今用台湾版星座盘的南天来查看春分点时，需要选择 4 月 20 日 20 时白羊座西落时的天空，才能看到古时春分日看到的星空。另外，中原地区南天地平线要比台湾高 10 度。如果可以正确地选择观测视角，就能看到古代中原春分日傍晚时分青龙第一宿（角宿，位于处女座附近）东升，这一现象也被称为"龙抬头"。

2. 春末夏初，玄武升

斗宿是北方玄武七宿之首，夏至日傍晚玄武东升，如图 4.38 所示。古时夏至点位于鬼宿附近，即巨蟹座附近。如今用台湾版星座盘来查看，需要选择 7 月 20 日 20 时巨蟹座西落时的天空，才能看到古时夏至日看到的天空。

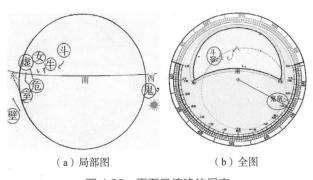

（a）局部图　　　　　　　　　（b）全图

图 4.38　夏至日傍晚的星空

3. 夏末秋初，白虎露

奎宿是西方白虎七宿之首，秋分日傍晚白虎东升，如图 4.39 所示。古时秋分点位于角宿附近，即处女座附近。如今用台湾版星座盘来查看，需要选择 10 月 20 日 20 时角宿西落时的天空，才能看到古时夏至日看到的天空。

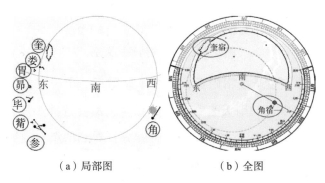

（a）局部图　　　　（b）全图

图 4.39　秋分日傍晚的星空

4. 秋末冬初，朱雀上

井宿是南方朱雀七宿之首，冬至日傍晚朱雀东升，如图 4.40 所示。古时冬至点位于牛宿附近，即摩羯座附近。如今用台湾版星座盘来查看，需要选择 1 月 20 日 20 时牛宿西落时的天空，才能看到古时夏至日看到的天空。

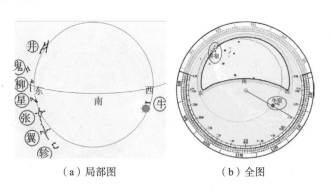

（a）局部图　　　　（b）全图

图 4.40　冬至日傍晚的星空

古时，青龙七宿可以代表春季的星空，玄武七宿可以代表夏季的星空，白虎七宿可以代表秋季的星空，朱雀七宿可以代表冬季的星空。《史记》中有这样的描述："黄道即光道，北到井宿，南到牛宿，东到角宿，西到娄宿。"由此可知太阳在空中的位置及寒暑的变化。

人们根据四象或二十八星宿来区分四季的典例就是春节。农历二月初二有"二月二，龙抬头"的说法，这一说法意指春回大地，万物复苏。天上龙抬头，人间春来到，从此春风送暖，春雨绵绵，大地返青，春耕从南到北陆续开始。另外，民间还流传着这样的谚语："二月二，龙抬头，大仓满，小仓流。"

小结

我们可以由三垣、四象与二十八星宿了解中国传统天文学的体系与思维特点。用星图来占卜未来之事的方法在民间广为流传，这表示人们自古以来就十分敬天，对"天命难违"的说法更是深信不疑。在教育不普及、科学知识有限的古代，人们对于超自然力量只能通过对世间万物的观察来认识，从而逐渐衍形成诸如占星、命相或风水等看似传统又神秘的理论。这些民间信仰源远流长，源头又是什么呢？对比中西方星图是一种科学的研究方法，追溯传统文化则有利于科学本质的提升。

早期中国天文学的进步促进了以明朝郑和下西洋为代表的海上活动的开展，并打通了海上丝绸之路，间接地开启了西欧诸国的大航海时代，帮助人们进一步探索地球。可惜此后人们对实用科学重视不够，甚至因此阻碍了天文学研究的发展。今日我们要做的是重拾古人智慧的结晶，承前启后，让这艘文明的大船重新扬帆起航。

第二节
中国星宿故事

中国历朝历代都流传着大量关于星宿的故事。例如，"霍去病倒看北斗"的故事说明了不同纬度地区看到的天空不同；"参商不相见"的故事说明了天空的可见范围；"牛郎织女七夕相会"的故事说明了众星之间的距离；"天关客星"的故事说明了天象观测与记录的方法；"淝水之战"说明了星宿与占星学的关系；"烽火戏诸侯"说明了中国古星图上星宿的命名规则。

读者可以一边品读这些故事，一边对照本书所附插图，这样就会对观星产生更多兴趣。开卷有益，老祖宗的文化宝藏应该一代一代流传下去。

霍去病倒看北斗

西汉年间（约公元前 120 年），北方匈奴入侵，在今河北北部地区烧杀掳掠。汉武帝命卫青和霍去病领军杀敌。两位将军率领数十万骑兵和步兵深入漠北，征讨匈奴，血战多日，终于获得全胜，并将匈奴残兵赶到今贝加尔湖的北端。有一晚，霍去病在贝加尔湖畔散步时，突然发现北斗七星倒卧于天顶，这与平时看到的北斗七星的状态完全不同，如图 4.42 所示。从此，"霍去病倒看北斗"的故事流传开来。在霍去病北征的数十年后，苏武也受命出使匈奴，著名的"苏武牧羊"的故事就发生在贝加尔湖畔。

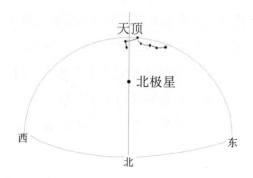

图 4.41　霍去病看到的北斗七星

除此之外，在北极点、赤道或南回归线附近看到的北斗七星会是怎样的状态呢？在南半球还能看到北斗七星吗？上述问题可以用 Stellarium 软件找到答案，如图 4.42—图 4.44 所示。

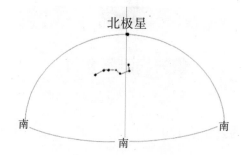

图 4.42　在北极点看到的北斗七星

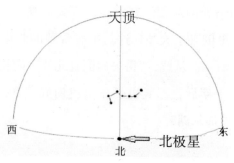

图 4.43　在赤道附近看到的北斗七星

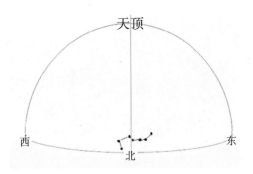

图4.44　在南回归线附近看到的北斗七星

综上所述，观测者在不同的纬度观测同一星宿或星座时，看到的情景各不相同。

参商不相见

杜甫的《赠卫八处士》中有一句著名的诗句："人生不相见，动如参与商。"这句诗表达的是人生变化无常，人与人分别后可能再不会相见。诗中的"参"与"商"分别代表两个星宿。由于二者位于同一水平线的两端，所以其中一个升起时，另一个就会落下，并且永远不会同时出现在空中，如图4.45所示。

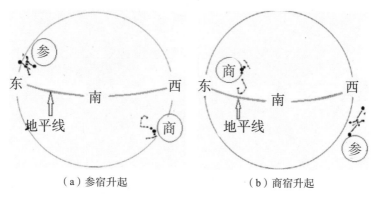

（a）参宿升起　　　　　　　　　　（b）商宿升起

图4.45　参、商二宿永远不会同时出现在空中

其实空中位于同一水平线两端的星宿很多，为什么杜甫的诗中偏偏强调了参与商二宿呢？这是由于《春秋左传·昭公元年》中有如下描述。

昔高辛氏有二子，伯曰阏伯，季曰实沈，居于旷林，不相能也。日寻干戈，以相征讨。后帝不臧，迁阏伯于商丘，主辰。商人是因，故辰为商星。迁实沈于大夏，主参，唐人是因，以服事夏商，其季世曰唐叔虞。当武王邑姜方震大叔，梦帝谓己，余命而子曰虞，将与之唐属诸参，而蕃育其子孙，及生有文在其手曰虞，遂以命之，及成王灭唐，而封大叔焉。故参为晋星。

从上文可以看出，帝喾把无法化解仇恨的阏伯与实沈分隔两地：令阏伯迁居商丘，让他祭拜、观测位于东方的商宿；命令实沈迁居大夏，让他祭拜、观测位于西方的参宿。

参宿七星组成了东方白虎的肩部、腰部及腿部。其中，位于肩部的参宿四是一颗红色的星，位于腿部的参宿七是一颗银色的星，二者均为一等星。参宿中的"参"字源于白虎腰部呈直线排列的三颗星，也是猎户座腰部的三颗星。商星又名心宿二或大火，是东方青龙七宿之一心宿的主星，也是天蝎座 α 星，位于天蝎座的心脏处。参宿与商宿在空中的不同位置可以用来区分冬季与夏季。

在古希腊神话故事中也有与参宿与商宿相关的描述，映射到星座中就是猎户座与天蝎座的故事。有一次，猎人 Orion 得罪了天后 Hera，天后 Hera 就命令一条毒蝎去螫死猎人，但是这条毒蝎在螫死了猎人后，被倒下的猎人碾压致死。猎人与毒蝎死后化作空中的猎户座（参宿）与天蝎座（商宿），二者位于同一水平线的两端，如果一个升起，那么另一个就会落下，表示这两个冤家永远不会碰头。

牛郎织女七夕相会

前文讲过，夏季大三角是由牛郎星、织女星和天津四构成的。在光害不强的地方，可以看到三星之间的银河，著名的"牛郎织女七夕相会"的故事就发生在银河畔。汉代《古诗十九首·迢迢牵牛星》中对这个凄美的爱情故事进行了生动的描述，具体如下。

迢迢牵牛星，皎皎河汉女。纤纤擢素手，札札弄机杼。终日不成章，泣涕零如雨。河汉清且浅，相去复几许？盈盈一水间，脉脉不得语。

图 4.46　牛郎织女七夕相会（蔡仲翰绘）

这首诗构思巧妙，婉转缠绵，动人心弦，借由牛郎星与织女星被阻隔在银河的两岸，相望却不能相聚的无奈，表达对人间相知相许的恋人被迫分离的感伤，如图 4.46 所示。

《汉宫阙疏》中有这样的描述："昆明池有二石人，牵牛、织女象。"其中提到了一处景观——昆明池，而根据《汉书·武帝纪》的记载，昆明池建于元狩三年（公元前 120 年），可见牛郎织女的故事流传已久，且相关诗词非常多。

夏季从傍晚至午夜，都可以看到夏季大三角。从天津四方向伸出的"北十字"（天鹅座）不断地转向，从开始的指向南方逐渐变为指向西方。同时，织女星由靠近头顶的位置逐渐转移至西北方向的地平线附近，牛郎星从东方高空逐渐转移至比织女星更靠西方的位置，如图 4.47 所示。

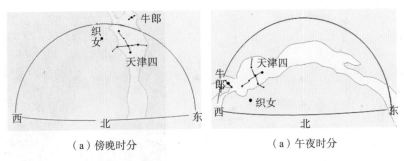

| （a）傍晚时分 | （a）午夜时分 |

图 4.47　夏季夜晚牛郎星、织女星及天鹅座在空中的位置

　　杜甫的《牵牛织女》中有这样的诗句："牵牛出河西，织女处其东。万古永相望，七夕谁见同。"千百年来，这首诗对于方位的描述（河东、河西）一直受到人们的质疑。由于地球不停地自传，人们可以看到众星每天东升西落。如此看来，牛郎星与织女星究竟谁在河东、谁在河西，这与观测时间有关。

　　但是，杜甫诗中表达的"没有人可以在七夕看到牛郎与织女相会"的观点是合理的。因为牛郎星距离地球 16.77 光年，织女星距离地球 25.30 光年，它们之间相距 16 光年，因此牛郎与织女是不可能在七夕当日相会的。由于恒星在空中的位置"不恒定"，而且彼此之间相距甚远，因此它们在空中位置的变化规律，无论经过多少年都是看不出来的。

天关客星

　　参宿是西方白虎七宿之一，著名的蟹状星云就位于参宿附近，它的产生源于恒星的衰退，如图 4.48 所示。

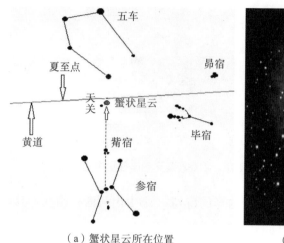

（a）蟹状星云所在位置　　　　　　（a）蟹状星云照片

图 4.48　蟹状星云所在位置及照片

　　我国古代天文研究机构由朝廷直接管辖。在当时技术不先进的背景下，仍留下了许多珍贵的资料。自宋朝至和元年五月己丑日（1054年7月4日）起，人们发现天关星的附近出现了赤白色的客星，在最初的23天里，即使在白天，天关客星也明亮如太白金星。直到嘉佑元年三月辛未日（1056年4月5日），天关客星才消失不见。宋朝许多天文观测记录中都有对这一现象的记载，如图 4.48 所示。例如，《宋史·天文志》中有如下描述。

　　　　宋至和元年五月己丑，客星出天关东南可数寸，岁余稍没。

《宋会要》中有如下描述：

　　　　嘉佑元年三月，司天监言：客星没，客去之兆也。初，至和元年5月，晨出东方，守天关，昼见如太白，芒角四出，色赤白，凡见二十三日。

《宋史·仁宗本纪》中有如下描述：

嘉祐元年三月辛未，司天监言：自至和元年五月，客星晨，守天关，至是没。

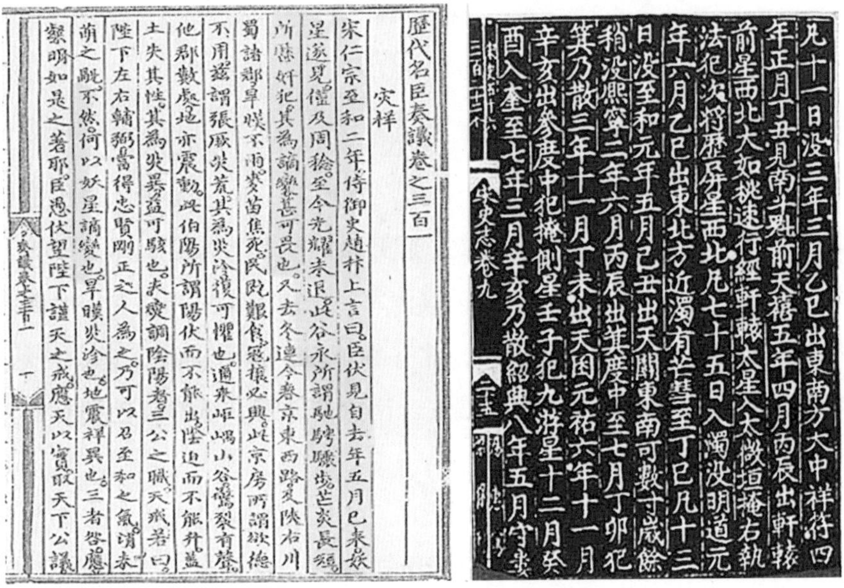
歷代名臣奏議卷之三百一
災祥
宋仁宗至和二年侍御史趙抃上言曰臣伏見自去年五月已來妖
星遂見僅及周歲至今光耀未退此谷永所謂馳騁驟步芒炎長短
所歷奸犯其為謫譴甚可畏也又去冬逮今春京東西路及陝右川
蜀諸郡旱暵不雨麥苗焦死民既艱食寇攘必興此京房所謂欲德
不用茲謂張厥災荒其為災沴復可懼也邇來峰嶧山谷鷹裂有聲
他郡數處地亦震動此伯陽所謂陽伏而不能出陰迫而不能升蓋
土失其性其為災異益可駭也夫燮調陰陽者三公之職天戒若曰
陛下左右輔弼當得忠賢剛正之人為之乃可以召至和之氣請來
萌之亂不然何以妖星謫變也旱暵災沴也地震祥異也三者咎應
緊明如是之著耶臣愚伏望陛下謹天之戒應天以實取天下公議

凡十一日沒三年三月乙巳出東南方大中祥符四
年正月丁丑見南斗魁前天禧五年四月丙辰出軒轅
前星西北大如桃速行經軒轅大星入太微垣掩右執
法犯次將歷屏星西北凡七十五日入濁沒明道元
年六月乙巳出東北方近濁有芒彗至丁巳凡十三
日沒至和元年五月己丑出天關東南可數寸歲餘
稍沒熙寧二年六月丙辰出箕度中至七月丁卯犯
箕乃散三年十一月丁未出天囷元祐六年十一月
辛亥出參度中犯掩側星壬子犯九游星十二月癸
酉入奎至七年三月辛亥乃散紹興八年五月守婁
宋史志卷九

图 4.49 宋朝关于天关客星的记录

宋朝最早在 1054 年就观测并记录了天关客星的情况。1942 年，中国天文学家确定宋朝记录的这颗客星是一个超新星的残骸，也就是蟹状星云。蟹状星云中的中子星体积很小，直径为 30 千米，自转速度为 33 次 / 秒，用光学望远镜看不见它，但是可以用无线电波（射电）望远镜看到它发出的脉冲式无线电波。

蟹状星云这颗超新星体现了重质量恒星演化末期的情况。通过了解超新星爆炸现象，人们知道了中子星的产生及其发射 X 光、脉冲式无线电波辐射的原理，还有与残骸膨胀相关的各种性质，这充分显示了天文观测与记录的重要性。

淝水之战

东晋太元八年（前秦建元十九年，公元 383 年），前秦大秦王出兵征讨东晋，双方于淝水（今安徽）展开激烈交战。最终，东晋以 8 万军力击败了拥有 80 余万军力的前秦大军。之前大秦王苻坚在短时间之内东灭前燕，南取梁、益二州，北并吞鲜卑，西并前凉，远征西域，一统北方。后来苻坚决定进军偏安于南方的东晋，认为自己拥有百万大军，完全不惧长江天险。

苻坚亲率步兵 60 万，骑兵 27 万，以其弟苻融为先锋，于 8 月大举南侵。东晋丞相谢安临危受命，由谢石等人领 8 万兵马迎战。苻坚自认为能速战速决，并派东晋受降人朱序前去劝降东晋，但朱序却私自提出让谢石宜先发制人。当年 12 月，双方在淝水展开决战，东晋方面要求对方稍微后退，以便双方在陆地上交战，而过于轻敌的苻坚竟然同意后退。由于前秦军力特别大，这一号令导致了一发不可收拾的惨痛后果。一时间草木皆兵，风声鹤唳，士兵四处逃窜，晋军趁乱进攻并一举击败了前秦大军，使南方重回安定。

根据非正史的记载，淝水之战的背后还有一段关于星宿的故事。

淝水之战开战当年，木星（岁星）、土星（镇星）镇守在斗宿和牛宿之间。当时许多人都相信占星学中"木星与土星镇守的星宿，对应的国家有福，而另一端星宿对应的国家有难"这一说法。斗宿与牛宿是东晋的分野，说明此时天佑东晋，而位于另一侧的是井宿，也是前秦的分野，说明当时前秦运气不佳。何况当年彗星出现于井宿附近，这也预示着前秦前景不祥，所以当时苻坚身边的人都说千万不能南征。但是苻坚完全不相信这样的说法，执意率军南征，最终因轻敌应验了天象预示的结果。

我后来用 Stellarium 软件查看了当时的星空，发现淝水之战当年的天象与上述描述不符。当年斗宿与牛宿之间只有木星，土星则位于另一端的井宿附近，如图 4.50 及图 4.51 所示。由此可以看出，上文描述的情况与实际情况不符。这说明我们对于历史文献的记载不能全信，需要查证。

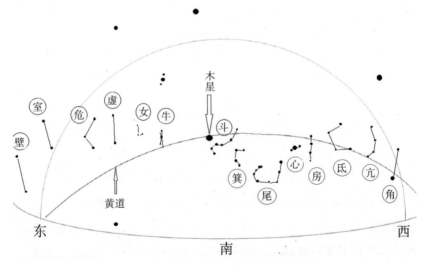

图 4.50　淝水之战当年只有木星位于斗宿与牛宿之间

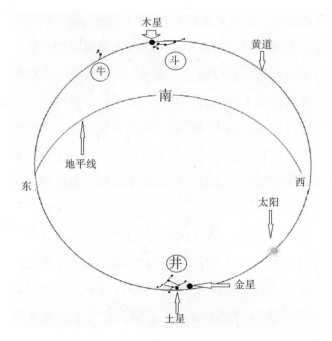

图 4.51　淝水之战当年土星位于井宿附近

烽火戏诸侯

　　烽火台是中国古代的战略性建筑，一般建在国界等险要之处。士兵一旦在烽火台上发现敌情，便会发出烽火警示信号。白天烽火台燃烧掺有牛粪的柴草，以释放浓烟；夜晚烽火台燃烧掺有硫磺和硝石的干柴，使火光通明。一旦后方士兵看到烽火信号，便知有战事发生，进而出兵相助。

　　秦始皇一统天下后，将北边的关隘、边墙、烽火台连接起来，其中周代建造的地属秦国的是骊山烽火台。司马迁的《史记·周本纪》中有这样的描述："褒姒不好笑，幽王欲其笑，万方故不笑。"意思是周幽王的爱妃褒姒不喜欢笑，但是周幽王为了让她笑，竟然做了让天下百姓再也笑不起来的事。周幽王做的事就是无端地燃起烽火，引来诸侯军队，而褒姒看到他们紧张的样子，真的大笑起来。周幽王不曾想自己策划的"烽火戏诸侯"的戏码竟让自己葬送了天下。为了宠爱褒姒，周幽王废后，立褒姒为后，这位废后的父亲勾结西夷犬戎进攻周幽王。公元前771年，犬戎兵临城下，周幽王再燃烽火，这次诸侯们以为这又是一个玩笑，谁都没有出兵增援。最终周幽王在骊山之下被杀，褒姒被掳，下落不明。犬戎尽取周赂而去，西周从此灭亡。唐代诗人胡曾的《咏史诗·褒城》中对这一事件进行了生动的刻画，具体如下。

> 恃宠娇多得自由，骊山烽火戏诸侯。只知一笑倾人国，不觉胡尘满玉楼。

中国古星图在北方玄武外侧的北方战场上，列出了西夷犬戎之国的狗国星宿。

小结

古代的众多天文学故事，有的浪漫缠绵，有的发人深省，但都引人入胜，深入人心，因此能够代代流传。但是这些故事中隐藏的秘密要靠我们在学习天文的过程中逐一解开。如果我们根据既有的知识，利用合适的工具，一定可以有更多新发现，未来每个人也都有机会成为天文学故事的作者。

第五章

星空摄影

将美丽的星空拍摄下来，作为回忆或与他人分享，是一件很美好的事情。如果将星空照片导入计算机中仔细观察，或许可以找到肉眼看不到的星。本章将为读者介绍星空摄影的技巧，期待读者可以拍出许多美丽的星空照片。

第一节
使用单反相机拍摄星空

许多人会觉得空中繁星甚小、甚远且大多数亮度不高，加上众星在空中不停地变换位置，因此星空摄影的难度很大。然而实际情况并非如此，只要掌握了星空摄影技巧，就能拍摄出很美的星空照片。

单反相机拍摄技巧

晴朗的傍晚非常适合拍摄星空，而拍摄星空的首选设备就是单反相机。使用单反相机时要特别注意对光圈与焦距的设置，而且要使用快门线或自拍快门曝光（避免按快门时机身抖动）拍摄模式，这样才能拍摄出清晰的星空照片。

相较于数码相机，单反相机更适合拍摄小范围的星空。如果要拍摄的星距离地球很远，那么镜头的放大倍率就要大。因为星空很暗，所以单反相机的感光度设置得越高越好。另外，众星不停地变换位置，所以曝光时间不宜设置过长。同时，大多数星的亮度不高，因此相机的进光量要大，即光圈值要尽量调小。在拍摄时最好使用三脚架，这样可以防止相机抖动。

由于各种款式、型号的相机的性能与操作方式略有不同，且每次拍摄时的目标与天气也不同，所以对于非专业摄影人士来说，一定要多拍、多练，多向天文摄影家请教。

在正式拍摄时，可以将星空进行分区，分别拍摄，但一定要记录方位（用指北针测量）、仰角（用拳头数测）、时间、地点。拍摄完毕后，可将拍摄的照片导入计算机，根据需要进行后期处理。

单反相机拍摄实例

在城市建筑物的屋顶拍摄星空

以尼康 D70 为例,将快门设置为 3 秒—10 秒,光圈设置为 2.8—3.6、将感光度(ISO)值设置为最大。在拍摄时,要防止四周的光线进入镜头,必要时可以使用遮光罩阻挡外界的光线。我曾与一名同事于 2007 年 10 月 22 日晚上 19 时在新竹教育大学某教学楼上的天台上,使用尼康 D70 单反相机拍摄到了木星与北落师门,如图 5.1—图 5.3 所示。

图 5.1 本书作者与一名同事正在进行拍摄前的准备工作

图 5.2　在西南方向、20 度仰角拍摄到的木星（绿线所指）

图 5.3　在东南方向、30 度仰角拍摄到的北落师门（绿线所指）

　　两天后，也就是 2007 年 10 月 24 日，我再次在同样的地点拍摄南斗六星与北斗七星。由于二者的面积、星数、位置不同，而且附近的星空也不同，一旦单反相机的性能不足，比如没有适合拍摄全天星空的鱼眼镜头，就无法将南斗六星与北斗七星拍摄在同一张照片上。解决这个问题的方法有两种，具体如下。

1. 先分别拍摄二者附近的星空，再单独研究

我于黄昏时分拍摄了两张南斗六星照片。当时地面有零星灯火，相较于漆黑的星空，反而更有利于拍摄出清晰的照片。我首先拍摄了南斗六星，南斗六星位于射手座中，其西方有蛇夫座，如图5.4（a）所示。然后将照片进行后期处理（连线、添加名称），如图5.4（b）所示。

（a）原始照片

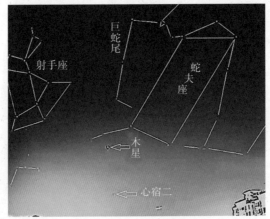

（b）经过处理后的照片

图5.4　南斗六星及附近星空照片

另外，我还拍摄了完整的射手座照片及包含位于其东北方向的摩羯座的照片，如图 5.5 所示。

（a）原始照片

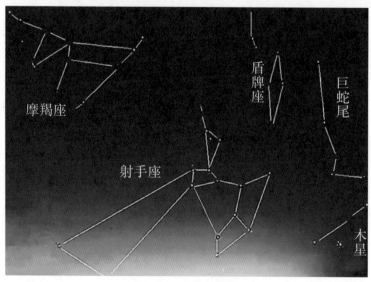

（b）经过处理后的照片

图 5.5　射手座及摩羯座照片

我在次年4月下旬的某天，拍摄了北斗七星及其附近的天龙座与北极星，如图5.6所示（此图是使用增加赤道仪的相机拍摄的）。

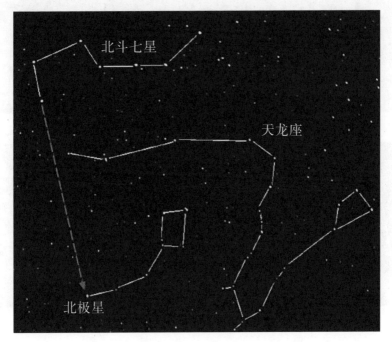

图5.6　北斗七星、天龙座与北极星照片

从上述五张照片可以看出，南斗六星与北斗七星附近的星空有很大的不同。

2. 分别拍摄南斗六星与北斗七星，再进行对比

先分别拍摄南斗六星与北斗七星，再查找 Stellarium 软件中记录的二者的相关数据，最后将两张照片放在一起对比，如图5.7（a）和图5.7（b）所示。根据软件数据及照片可知，南斗六星的尾部宽16度、高3度，北斗七星的尾部宽45度、高10度，北斗七星的长约为南斗六星的2.3倍，高约为南斗六星的3.3倍。

（a）南斗六星照片

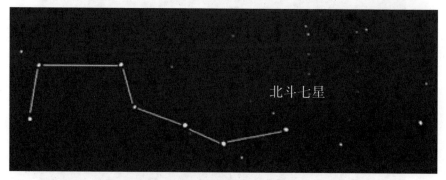

（b）北斗七星照片

图 5.7　南斗六星及北斗七星照片

在城市地面拍摄星空

在天气晴朗、云雾较少的夜间，可以在城市中相对平坦、空旷的地方拍摄灿烂夺目的星空。

1. 低空星空

在秋季星空中，仙后座是非常容易辨识的，而且既可以通过它找到北极星，也可以通过它找到英仙座。图 5.8（a）所示为我于 2007 年 11 月 16 日晚上 21 时左右拍摄到的包含仙后座的星空，图 5.8（b）为经过后期处理（连线、标示名称）的照片。

（a）原始照片　　　　　　　　（b）经过处理的照片

图 5.8　仙后座及其附近星空照片

2. 高空星空

有时，即使城市路边光照强度比较高，也能拍摄出能看到很多星座的星空照片。我于 2007 年 11 月 16 日晚 22 时拍摄了一张秋季星空照片，如图 5.9（a）所示。在照片中，不仅可以找到位于右侧的七姐妹星团，还可以找到位于其下方的完整的英仙座及仙女座。另外，可以在七姐妹星团与仙女座之间找到三角座与白羊座。图 5.9（b）为经过后期处理（连线、标示名称）的照片。

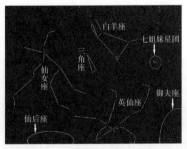

（a）原始照片　　　　　　　　（b）经过处理的照片

图 5.9　秋季星空照片

我于 2007 年 12 月 26 日晚 21 时拍摄了一张冬季星空照片，如图 5.10（a）所示。在照片中可以找到横卧于右下角的猎户座，以及位于猎户座左上方的金牛座与七姐妹星团。另外，还可以找到位于金牛座左上方的英仙座与位于其左下方的五边形的御夫座。图 5.10（b）为进过后期处理（连线、标示名称）的照片。

（a）原始照片　　　　　　　　（b）经过处理的照片

图 5.10　冬季星空照片

　　我于 2013 年 8 月底拍摄了一张夏季星空照片，如图 5.11 所示。从照片中可以看到位于天顶附近的夏季大三角。如果仔细观察，还可以找到位于牛郎星两侧的扁担星，以及位于织女星附近的一个三角形和一个平行四边形，即天琴座。另外，还可以通过天津四找到天鹅座的双翼与身体、位于夏季大三角内部的天箭座与狐狸座，以及位于夏季大三角外部的海豚座（详见第二章第二节）。图 5.11（b）为经过后期处理（连线、标示名称）的照片。

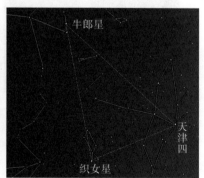

（a）原始照片　　　　　　　　（b）经过处理的照片

图 5.11　夏季星空照片

3. 校园星空

我于 2013 年 11 月 14 日晚上 20 时，在新竹教育大学拍摄了一张校园星空照片，如图 5.12（a）所示。当晚星光灿烂，于是我邀请了很多伙伴一同观赏星空。图 5.12（b）为经过后期处理（连线、标示名称）的照片。

（a）原始照片

（b）经过处理的照片

图 5.12　秋季校园星空

我的一位同事于当年 12 月 1 日晚 23 时拍摄了一张冬季星空照片，如图 5.13 所示。

（a）原始照片　　　　　　（b）经过处理的照片

图 5.13　冬季校园星空

第二节
使用赤道仪及数码相机拍摄星空

由于地球不停地自转，星空也在不停地发生着变化，为了拍摄更加清晰的星空，有时需要在固定相机的三脚架上增设一台赤道仪。

赤道仪与数码单反相机拍摄技巧

因为星空一直都在变化着，所以即使已经将相机对准了某颗星，如果不马上按下快门，它很快就会"跑"到其他位置，这样拍摄出来的照片中显示的是星迹，而不是单独的星。要拍摄出清晰的星空照片，就要借助赤道仪，赤道仪围绕一根相当于地球自转轴的极轴旋转，能随着星空的移动而移动。

在拍摄星空前，先将赤道仪固定在三脚架上，再将相机固定在赤道仪上。赤道仪会进行一个精密校正，使相机镜头准确地追随拍摄目标移动，这样就可以拍摄出清晰的星空照片了。对于亮度很弱的星，可以利用赤道仪追踪的特性，先增加相机的曝光时间，再进行拍摄。如果用低倍率（约5倍）的极轴望远镜对准天球极点来定位赤道仪，则极轴倾斜角度等于观测地的纬度。不同制造商生产的赤道仪各方面会有不同之处，在使用之前应认真阅读说明书，根据相关指示校正观测地的时间与极轴或自动导入赤道仪并由计算机控制。

以尼康 D3100 为例，采用手动方式（选用功能设定为转盘上的M）拍照时，应将 ISO 值设置为 1600 或 3200，曝光时间设置为 1 秒左右。在拍摄时，沿逆时针方向将镜头的最前端旋钮旋转到最大（可拍摄到很远处的星），然后旋转机身旋钮，视角放大至最大（18、相当于 F4 光圈）。为了避免按快门时机身抖动，一定要选择自拍快门（设定按钮位于功能设定转盘的右边）或 B 快门，并将相机固定在三脚架上。

在实际拍摄时，应该根据拍摄环境来调整相机的 ISO 值、曝光时间（最大为 30 秒）、光圈 F 值（最大为 4）。

赤道仪与数码单反相机拍摄实例

登山拍摄

我于 2009 年 1 月 19 日在新竹县尖石乡宇老村附近的高山上拍摄星空，拍摄地为前山与后山交界处，海拔约 800 米，光害较少。当日入夜后云开雾散，我与附近的居民进行了沟通，请求他们暂时关灯，以便拍摄清晰的星空。这时我发现繁星满天、星光灿烂，甚至连星的颜色都看得非常清楚，如图 5.14（a）和图 5.14（b）所示。

（a）原始照片 　　　　　　　　　（b）用手电筒照射的星空

图 5.14　2009 年 1 月 19 日的星空

我与两位同事于 21 时，用赤道仪及数码相机拍摄星空。第一个拍摄目标为猎户座，我们依据位于猎户座腰带处排列成一条直线的 3 颗星来分辨猎户座，红色的星为参宿四，青白色的星为参宿七，如图 5.15 所示。

图 5.15　2009 年 1 月 19 日拍摄的猎户座照片

　　过了一会儿，附近有人焚烧稻草，天空出现了些许红光，但并没有影响观测与拍摄。我又拍摄了一张猎户座附近的星空照片，如图 5.16（a）所示。

　　在上图中，除了猎户座，还可以找到位于其下方的大犬座等星座，这些都是冬季南天星座。将拍摄的照片导入计算机并进行后期处理（连线、标示名称），星空变得更加直观，如图 5.16（b）所示。从图中可以找到天兔座、天鸽座、麒麟座等星座。

（a）原始照片

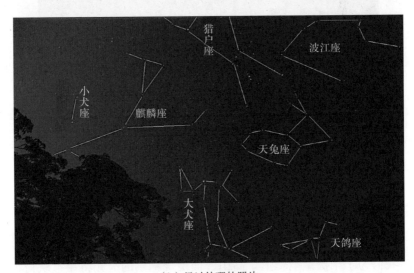

（b）经过处理的照片

图 5.16　2009 年 1 月 19 日拍摄的猎户座附近的星空照片

　　将镜头向东北方向上移，可以拍摄到头朝上、脚朝下的双子座，加上地面树枝的点缀，画面显得更加唯美，如图 5.17（a）所示。图 5.17（b）为经过后期处理（连线、标示名称）的照片。

（a）原始照片

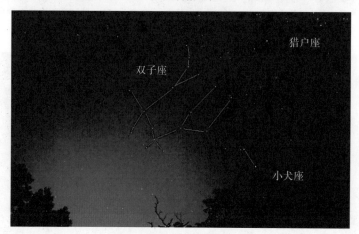

猎户座

双子座

小犬座

（b）经过处理的照片

图 5.17　2009 年 1 月 19 日拍摄的双子座照片

　　我们为了拍摄星空爬上了高山，而焚烧稻草的火光将星空映衬得鲜红。无数颗闪耀的星一闪一闪，仿佛是被烟熏到的人在眨着眼。这样的景象，引发了我们对古书中"燎天"传说的联想。古有狂人竟欲举火燎天，真是不知天高地厚，令人莞尔。通常星空摄影照片背景都比较单调，而这次拍摄意外地捕捉了很多极具艺术性的镜头，我们在喜悦的同时，也增强了对于今后观星、拍摄的期待。

当夜稍晚时刻，我们拍摄到了位于天顶附近的金牛座，如图 5.18 所示。从图中可以看到"V"字型的牛脸、橙黄色的牛眼及七姐妹星团。画面的左侧是猎户座，右侧是御夫座。整张照片共有四颗一等星，其中最亮的是黄色的五车二。图 5.18（b）为经过后期处理（连线、标示名称）的照片。

（a）原始照片

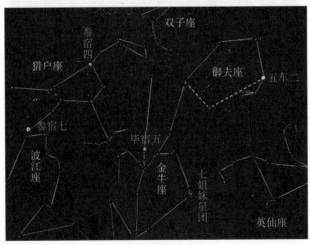

（b）经过处理的照片

图 5.18　2009 年 1 月 19 日拍摄的金牛座照片

之后我们将镜头转向东方，拍摄了御夫座、双子座与猎户座照片。其中，双子座左边的人的左脚位于天顶附近，如图 5.19 所示。图 5.19（b）为经过后期处理（连线、标示名称）的照片。上述几张照片可谓是将冬季星空的大部分区域都拍摄到了。这时，附近又有人烧起了稻草，于是我朝那个方向望去，在泛红的低空发现几颗星，它们似乎连成了一个横着、反写的问号，看起来很像狮子座。于是我拿出指北针，发现这个看起来很像狮子座的星座位于东方，当时从东方升起的应该是春季星座，而狮子座正好是春季代表星座之一，于是断定这一定是狮子座。

（a）原始照片

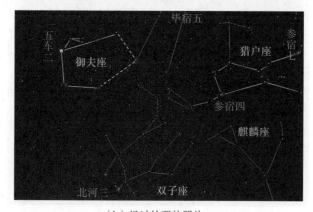

（b）经过处理的照片

图 5.19 2009 年 1 月 19 日拍摄的狮子座照片

我赶紧将这个发现告诉同行的两位伙伴，在拍摄这张照片之前，我们都没见过刚升起时的狮子座，此时的狮子座背朝北方、头朝上、尾朝下。另外，我们还在狮子座尾部的南侧发现了一颗较亮的星。后来用Stellarium软件查找当日天象才知道，那颗较亮的星是土星，如图5.20（a）所示。图5.20（b）为经过后期处理（连线）的照片。

（a）原始照片

（b）经过处理的照片

图5.20　2009年1月19日拍摄的狮子座、土星照片

从狮子座上升的方向看去，大约转 30 度，可以找到双子座与金牛座，其实附近还有巨蟹座，但是由于这个星座中的众星亮度很弱，所以当时没有找到。

地面拍摄

欧震博士是某科技公司主管，从大学时代就开始研究天文学，他的很多摄影作品都被投放在了"Crux's 天文风景站"上。欣赏欧震博士的作品，除了会让人感到赏心悦目，还可以让人学习到不少天文知识。我在许多教学、演讲活动中都使用了欧震博士的作品。

1. 一夜看遍三季星空

2012 年 7 月 11 日，欧震博士在新竹家中拍摄星空。当晚他用鱼眼镜头拍摄了三季星空，下面我将其中最有代表性的两张照片与大家分享，即图 5.21 和图 5.22。在图 5.21 中，西侧是北斗七星与大角星、中间是天龙座与北极星、东侧是夏季大三角，这张照片的拍摄时间是当晚 22 时。而 6 个小时过后，也就是次日清晨 4 时，在月光的陪衬下，星空显得宁静而美丽，此时夏季大三角已移动至西侧，秋季四边形位于东侧的天顶附近，还可以看到仙后座与仙女座。在由秋季四边形、仙女座和英仙座组成的"大斗"中，有五颗几乎连成直线、间距很近的二等星。图 5.21（b）及图 5.22（b）为经过后期处理（连线、标示名称）的照片。

（a）原始照片

夏季大三角

大角

天龙座

北斗七星

北极星

Photo by Crux

（b）经过处理的照片

图 5.21　2012 年 7 月 11 日晚 22 时拍摄的星空

（a）原始照片

（b）经过处理的照片

图 5.22　2012 年 7 月 12 日凌晨 4 时拍摄的星空

2. 北天星轨

　　由于北极星所在位置非常接近天球北极，所以人们喜欢将它视为方位指标。欧震博士为了拍摄一张长曝光的北天星轨，在新竹家中尝试了很多次（拍摄星轨不需要使用赤道仪），最终成果如图 5.23 所示。图中最接近圆心的那条轨迹是北极星的轨迹，由此可见，北极星并不是绝对位于正北方向上。半个星轨的时间跨度是 12 个小时，这在台湾地区很难拍摄到，因为即使是冬至日，台湾地区天黑的时间最多也只有 10 个小时，如果有机会到北极或南极拍摄，在极夜日就可以拍摄到一圈完整的星轨。图中的云是午夜时分才出现的，开始拍摄与拍摄接近尾声时都没有云，但云的点缀让整个画面显得更加丰富。

图 5.23　北极星星轨

登峰拍摄

1. 月晕中的星光

2009 年 4 月 2 日，我与 3 位同事到太鲁阁公园观星。那晚，我们非常幸运地看到了美丽的月晕，其中隐约可见几颗星。月光透过高空中的冰晶，折射出一个光环，看起来很大，美得令人惊叹，如图 5.24（a）所示。如果将自己的眼睛作为观测点，那么月晕中心到月晕最外环的夹角则为 22 度，如图 5.24（b）所示。古人在诗歌和神话故事中，常将月亮比作一个大银盘，而此时的月晕就像一面无与伦比的大银盘，若非身历其境实在难以置信。将照片导入计算机中可以看清更多细节，包括月晕中的几颗较亮的星，当时月亮几乎全部位于冬季大椭圆中。

（a）局部照片

（b）全景照片

图 5.24　2009 年 4 月 2 日拍摄的月晕照片

当时月晕持续了半个多小时，当薄纱般的冰晶层退去后，明亮的上弦月才从月晕中央逐渐露出来。

2. 彗星

2013 年的天文盛事莫过于当年可以观测到很多颗彗星，其中包括太阳系外的 ISON 彗星。当年 11 月初，很多人就引颈期盼它的出现，因为根据先前的预测，这颗彗星的亮度会超过月亮。然而事实并未如预期所想，它看起来并不十分明亮。而当时最耀眼、被拍摄最多的是 Lovejoy 彗星。在当年 11 月中下旬至 12 月下旬，它的视星等达到了 4 以上，肉眼就能看到。欧震博士分别在合欢山与翠峰用天文望远镜拍摄到了这两颗彗星，如图 5.25 和图 5.26 所示。

图 5.25　2013 年 11 月 18 日拍摄的 ISON 彗星照片

图 5.26　2013 年 11 月 24 日拍摄的 Lovejoy 彗星照片

2013 年 11 月 29 日凌晨，美国国家航空航天局公布，他们观测到了众人关注的 ISON 彗星。当它最接近太阳的时候，由于受到太阳的光和热的影响，会逐步崩解、蒸发、消失，所以大家期待在 12 月上旬用肉眼看到 ISON 彗星的长尾巴（彗尾）显然是不可能的。

彗星是太阳系主要成员之一，它是一种呈云雾状，围绕太阳旋转的小天体。彗星本身不会发光，但是能反射太阳光，当它接近太阳的时我们才能看到它。彗星由三部分组成，具体如下。

1. 彗核。由尘埃、石块、冰块及凝固的氨、甲烷、二氧化碳等组成。

2. 彗发。彗星运行到太阳附近时，其中的冷凝物与固体中吸附的气体被蒸发分解，在彗核之外形成的反射阳光的气团。

3. 彗尾。当彗星靠近太阳时，彗发受到太阳的辐射而分解，向远离太阳的方向流动，此时彗尾最长，如图 5.27 所示。彗尾的组成成分包括较短的尘埃尾与很长的离子尾。

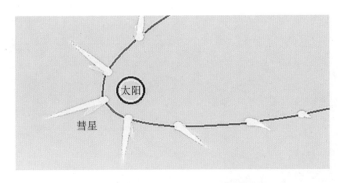

图 5.27　彗星接近太阳时，彗尾最长

彗星因其外形特点而被人们称为扫帚星，它的英文名称 "comet" 源于希腊文，原意为尾巴、毛发。在科学尚不发达之时，中西方都认为彗星与人间的战争、灾难有关。

彗星是一种很特殊的星，含有多种气体，且经光谱分析，它富含有机分子，因而人们推测彗星与生命的起源有关。当然这种说法尚未得到科学证实，期待随着科学的发展，人们可以解开这一谜团。

当地球穿过彗星轨道时，大量碎屑进入大气层，经过摩擦形成人们喜爱的流星雨。古书中有这样的描述："夜中星殒如雨。"如果这些碎屑在与地球大气层摩擦时未能完全燃烧，那么落到地面就是陨石了。

3. 银河

欧震博士曾于 2012 年 8 月 11 日 22 时，在合欢山拍摄了一张雨后银河照片，如图 5.28 所示。照片中除了银河，还有南冕座、北冕座、蛇夫座、巨蛇座等星座。而位于银河明亮区域附近的天蝎座与射手座尤为显眼。此时的天蝎座横卧，即将落入地平线以下，而射手座中的南斗六星勺口位于银河之外、勺柄位于银河之内、弓箭位于天蝎座蝎尾之上。图 5.28（b）为经过后期处理（连线、标示名称）的照片。

（a）原始照片

（b）经过处理的照片

图 5.28　2012 年 8 月 11 日拍摄的银河照片

　　当时欧震博士立于高处，面朝南方拍摄，视野非常开阔，远处的云层绵延不断，而低空中的云海仿佛是铺在地面上的毛毯。天空是如此辽阔，如同一个大舞台一样，无数颗星自东向西轮番上台表演，为我们演绎出不计其数的故事。

小结

　　当我们观星经验较少时，会觉得满天星斗非常难以辨认，但只要熟悉了每个星座的特征、众星的排列顺序以及星座之间的相对位置，再结合星座盘与 Stellarium 软件，我们就很容易辨识它们了。读者可以将本节所附的每张星空照片都打印出来，在下次观星时，带着这些照片去辨认星座与星，这样可以加深对星空的认知。

　　户外观星能让天文爱好者享受别样的乐趣。先通过书本、网络学习大量的天文知识，再到户外观星，这时所有的努力都将化为宝贵的知识，还可以收获珍贵的记忆。

　　过去，摄影是一种奢侈的爱好，后来数码相机、可以拍摄高清照片的智能手机相继问世，让每个人都有可能成为摄影家。天文美景稍纵即逝，摄影既能将美景保留，又有助于我们随时对比、研究天文现象。不得不说，现代的"追星族"真是太幸福了！